LE LIVRET DE L'EXPOSITION

FAITE EN 1673

DANS LA COUR DU PALAIS-ROYAL.

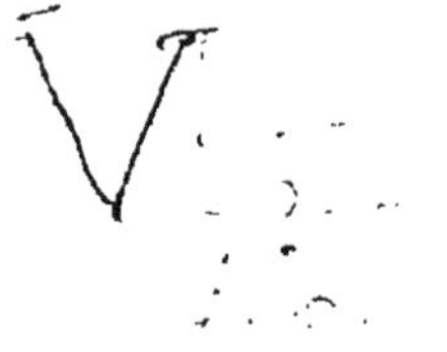

Paris. — Imprimerie de Firmin Didot frères, rue Jacob, 56.

LE LIVRET DE L'EXPOSITION

FAITE EN 1673

DANS LA COUR DU PALAIS-ROYAL,

RÉIMPRIMÉ AVEC DES NOTES

PAR

M. ANATOLE DE MONTAIGLON,

ATTACHÉ A LA CONSERVATION DES DESSINS DU LOUVRE,

Et suivi

D'UN ESSAI DE BIBLIOGRAPHIE

DES LIVRETS ET DES CRITIQUES DE SALONS

DEPUIS 1673 JUSQU'EN 1851.

PARIS,

SE TROUVE A L'EXPOSITION,

ET CHEZ J. B. DUMOULIN, LIBRAIRE,

QUAI DES AUGUSTINS, 13.

Avril 1852.

La plus grande hauteur à laquelle se soit élevé, en France, chacun des trois arts de la forme, a été atteinte dans des siècles différents, et ne l'a jamais été par l'Académie. C'est pendant le moyen âge que notre architecture, c'est au seizième siècle que notre sculpture ont été les plus grandes et les plus originales. Pour la peinture, sa plus belle époque est bien contemporaine de l'Académie, mais ne lui appartient pas. N'est-ce pas le Poussin, avant tous, et ensuite Claude Lorrain, qui sont à la tête de nos peintres? Eustache Lesueur, la troisième personne de cette noble trinité, a bien été de l'Académie, mais peu de temps, et il la représente si peu, qu'il en est comme en dehors. Celui qui en est la plus parfaite représentation, comme il en a été le chef et le maître suprême tout aussi bien que l'idole, c'est sans conteste Lebrun, dont le génie pourtant, malgré l'uniformité de son faste et surtout son application trop uniquement officielle, était bien assez vaste pour mériter d'être l'âme d'un grand corps.

D'ailleurs, si l'on ne peut que regretter pour l'histoire de notre Académie les splendeurs de l'Italie et de la Flandre, il n'en est pas moins vrai que nous pouvons, que nous devons être fiers, et vis-à-vis de tous, d'une compagnie qui, en moins de deux cents ans, a offert une suite d'artistes vraiment illustres et pour lesquels la postérité est venue. N'y trouve-t-on pas Philippe de Champaigne, Stella, Bourdon, Mignard, Lebrun, Vandermeulen, Mignard, François Lemoine, et dans un autre genre Watteau, Chardin, Boucher et Greuze? N'est-ce pas une belle réunion de portraitistes que celle où l'on peut compter Rigaud, Largillière, Detroy, Nattier, Tocqué, Latour et Perroneau? A-t-on beaucoup d'hommes qui aient peint les animaux comme Oudry et surtout comme Desportes? La gloire de ses sculpteurs n'est pas moindre : n'y compte-t-on pas les Sarrazin, Anguier, Girardon, Regnaudin, les Marsy, Coysevox, les Coustou, les Lemoine, Bouchardon, Falconet, Caffieri, Houdon? Pendant le même espace de temps, l'Europe tout entière ne suffirait pas à réunir un ensemble capable d'être mis, même de loin, à côté de celui-là.

De plus, comme l'Académie n'a laissé en dehors d'elle aucun des hommes considérables qui se sont produits, son histoire et celle de ses membres est celle même de notre art pendant la même période. Celle de l'un ne se sépare pas de celle de l'autre, et, comme il y a ce bonheur que l'Académie s'est en quelque sorte chargée de l'écrire par ses expositions, et que celles-ci existent pour nous dans leurs livrets, il est par suite évident que la réunion de ceux-ci est une des choses les plus importantes à la connaissance de cette histoire. Comme, en fait, cette réunion est presque impossible, que les premiers livrets sont introuvables, et que, pour ceux même de Louis XV, une vie entière ne réussit pas toujours à en réunir la suite sans lacunes, leur réimpression est devenue tout à fait nécessaire.

Déjà elle avait été commencée dans un recueil trop tôt interrompu : nous voulons parler du *Cabinet de l'Antiquaire et de l'Amateur*. Malheureusement, la publication des livrets y est à peine menée jusqu'à la moitié, et de plus, n'y a peut-être pas été faite comme elle doit l'être. En effet, cette manière de les fondre tous en une seule série alphabétique, offre bien l'avantage d'être très-commode, parce qu'elle réunit tous les ouvrages d'un même artiste, mais elle a cet inconvénient beaucoup plus grand de détruire absolument ce que j'appellerai la physionomie successive des livrets, représentation exacte, curieuse et intéressante à conserver, du goût et des idées incessamment mobiles des hommes et des années renouvelées. Cette publication alphabétique a beau être intégrale; elle n'a pas plus de physionomie et de caractère qu'une table, alors qu'une table suffirait à donner le même résultat et laisserait entière la forme réelle des livrets, où le lecteur conserverait le moyen de suivre et de saisir les modifications de mœurs et de goût qui s'y révèlent si vivement.

De plus, dès qu'on réunit aujourd'hui les livrets, il devient indispensable de les compléter et de les éclaircir. Un grand nombre des œuvres qu'on y rencontre ont été célèbres, elles ont une histoire, et l'on peut même dire de certaines l'endroit où elles se trouvent maintenant; il est utile de le faire. Ces œuvres mêmes, et beaucoup d'autres, ont été gravées, et cette copie en tient lieu lorsqu'on les a perdues ou lorsqu'on ne les connaît pas; cette seconde nature d'annotation est donc au moins aussi importante que la première. Ainsi, quand même la publication commencée dans le *Cabinet de l'Amateur* serait achevée, l'impression fac-simile et l'annotation des livrets devraient encore être faite, et nous croyons rendre un service en l'entreprenant.

Pour aujourd'hui, nous commençons par publier le livret de la première exposition. C'est même une sorte d'actualité, puisqu'après deux siècles l'exposition est revenue au lieu où elle était née. Il y a seulement cette différence, que pour celle-ci l'on s'est mis en grands frais de bâtisse, tandis qu'autrefois l'on n'y faisait pas tant de façon, puisque l'exposition de 1673 se fit tout simplement dans la *cour* du Palais-Royal. Un tableau est bien indiqué comme se trouvant dans la *grande salle*(p. 6), des gravures dans la *petite salle* (p.6 et 11); mais le mot du titre est formel, et les tableaux furent bien réellement exposés en plein air, comme depuis les expositions de la jeunesse, faites sur la place Dauphine. L'on peut même voir dans un plan cavalier du Palais-Royal en 1679, conservé à la Chalcographie du Louvre (N° 2322 du nouveau livret), éclairci par un plan, manuscrit et avec lettre, de la collection topographique du cabinet des estampes, un grand mur sans fenêtres de la cour du palais Brion, qui était merveilleusement propre à recevoir des tableaux, et où les batailles de Lebrun ont dû s'étaler tout à leur aise.

Je dis le palais Brion, car l'Académie n'était pas au Palais-Royal même : « Les Académies de peinture et de sculpture se tiennent l'une « et l'autre dans le palais Brion, qui fait partie du Palais-Royal et qui « a sa porte dans la rue de Richelieu, » dit, en 1691, Abraham de Pradel dans son *Livre commode*; c'était, comme on voit, à peu près l'emplacement actuel du Théâtre-Français. Cette construction avait été faite par Jacques Lemercier en même temps que le Palais-Royal et s'était aussi nommée Palais-Richelieu (Florent le Comte, édition de Bruxelles, I, p. xxv), avant de s'appeler le palais Brion. L'Académie de peinture y fut logée depuis le mois de septembre 1661 jusqu'au 2 février 1692, c'est-à-dire pendant trente et un ans (Piganiol, Descript. de Paris, éd. de 1752, I, 247), et elle en occupait la galerie, construite, à ce que nous apprend une histoire inédite de l'Académie, que je publierai bientôt, pour recevoir la bibliothèque du cardinal.

J'ajouterai que cette exposition de 1673, bien que la seule connue, ne fut peut-être pas la seule faite au palais Brion, et qu'elle peut même ne pas être la première, mais seulement une des deux premières, ce qui porterait à quatre le nombre des expositions sous Louis XIV. Une phrase, jusqu'ici peu remarquée, du contemporain Germain Brice, est formelle sur ce point : « Une des principales cons-« titutions de cette Académie est que tous les peintres qui la compo-« sent sont obligés, le jour de saint Louis » — cf. Règlement de 1663, art. xxv — « de faire voir au public de leurs ouvrages. *Ce règlement,* « *qui n'avoit été observé que deux fois depuis son établissement,* « *fut renouvelé en* 1699 par les ordres de Jules-Hardouin Mansard, « alors nouvellement revêtu de la charge de surintendant des bâti-« ments. En 1704, dans le mois de septembre, la même exposition se « fit encore et dura plusieurs semaines, au grand contentement de « tout le monde, qui y remarqua des morceaux d'une excellente « beauté. » (Éd. de 1706, II, 68-9.) Cette autre exposition est-elle antérieure ou postérieure à celle de 1673? C'est ce qu'il est maintenant impossible de décider.

La seconde partie de ce petit volume est un essai de bibliographie des critiques de salons; elle est nécessaire à la suite des livrets, pour donner, à coté du catalogue officiel des œuvres exposées, leur appréciation libre et diverse par l'expression des jugements contemporains. Bien que cette liste soit déjà fort nombreuse, ce n'est qu'une première ébauche, et personne, plus que moi, ne sait à quel degré elle est incomplète; si elle est déjà assez importante pour n'être peut-être inutile à aucun de ceux qui prennent intérêt à ces matières, il n'en est certainement aucun qui ne pût diminuer ses lacunes en lui ajoutant de nouvelles indications. Elle donne, je crois, assez complétement les ouvrages, mais elle est on ne peut plus défectueuse sous le rapport des journaux, et c'est là, surtout depuis le commencement de ce siècle, que sont les salons les plus importants comme les plus curieux. Il n'y a ici, pour les journaux, que des indications presque dues au hasard, alors qu'il aurait fallu un dépouillement formel et méthodique; le temps ne m'a permis de l'entreprendre, mais il sera fait pour la seconde édition de ce travail, qui terminera ma réimpression des livrets depuis 1673 jusqu'en 1800. J'y ajouterai alors quelques très-courtes appréciations sur la valeur de ces ouvrages ou de ces articles; car, s'il est important qu'une bibliographie spéciale soit complète, il n'est pas nécessaire qu'elle ne soit pas critique, et ne distingue pas en quelques mots ce qui est remarquable comme jugement ou comme forme, ce qui est important comme renseignements, de ce qui, sottement ridicule ou méprisable, ne doit pas même rester couvert de l'impunité d'un silence dû à la seule nullité.

J'aurais fini, s'il ne me restait à remercier ceux qui ont bien voulu aider cette publication de leurs conseils, et surtout, parmi eux, M. Richard, de la Bibliothèque Nationale, à qui je dois non-seulement la connaissance, mais encore la copie, on ne peut plus exacte et faite par lui-même, de l'exemplaire du livret de 1673, conservé dans la collection Thoisy, et aussi M. Chéron, de la même bibliothèque, qui a bien voulu vérifier mes notes sur la collection des critiques des salons réunie dans cet établissement. Il m'a donné de nouvelles indications, il en a surtout complété, et sans lui ce travail serait encore plus imparfait.

LISTE DES TABLEAVX

ET

PIÈCES DE SCVLPTVRE

EXPOSEZ DANS LA COVR DV PALAIS

Royal par Messieurs les Peintres et Sculpteurs de l'Academie Royale.

Quatre grands tableaux faits par Monsieur le Brun, Chancelier et Recteur de l'Academie, le premier representant la défaite de Porus par Alexandre.

Le second est le passage du Granique.

Le troisiéme, la Bataille d'Arbelle.

Et le quatriéme, le Triomphe d'Alexandre (1).

(1) Tout le monde connaît ces fameux tableaux de le Brun, qui ont gagné, plus qu'on n'aurait pu le croire de telles machines, à être vus de plus près. On ne s'attendait pas à une fermeté et même à une certaine fierté d'exécution qu'elles ont réellement. Je ne parlerai que de leurs emplacements successifs. L'inventaire fait par Bailly en 1709, et maintenant bien connu par les renseignements qu'y ont puisés les deux derniers catalogues du Musée du Louvre, les indique dans le cabinet des tableaux à Paris. En 1744, ils étaient depuis déjà longtemps dans la galerie d'Apollon ; nous en sommes sûrs par la mention du Mémoire sur les embellissements à faire aux Tuileries. (*Archives de l'art français,* Paris, Dumoulin, 1851, in-8, I, 256-9.) La dernière description de Paris faite avant la Révolution, celle de Thiéry, nous apprend qu'ils y étaient encore en 1787. Plus tard ils durent orner la grande galerie des Tuileries, et c'est à ce moment de leurs pèlerinages que se rapporte cette lettre de Lucien, conservée dans les archives du Musée du Louvre et inédite :

« Paris, le 9 brumaire an 9 de la République française une et indivisible.

« *Le ministre de l'intérieur au citoyen Foubert, administrateur du Musée central des arts.*

« Vous voudrez bien, citoyen, m'envoyer la note de cinquante tableaux,
« que vous choisirez parmi ceux des grands maitres des différentes écoles.
« Ils sont destinés à orner le palais des consuls, et leurs sujets doivent sur-
« tout représenter des actions militaires et des conquêtes. Vous m'en ferez
« connaître les dimensions, et vous les tiendrez prêts afin qu'ils puissent
« être transportés de suite.

« Vous voudrez bien aussi faire terminer le plus promptement possible
« le placement des batailles d'Alexandre dans la grande galerie des consuls.

« Je vous salue,

« L. BONAPARTE. »

Si l'intention a été exécutée, et si ces tableaux de Lebrun ont orné la ga-

Vn tableau fait par M. Champagne (1) Recteur de l'Academie, representant Jesus-Christ avec les deux Pelerins d'Emaüs.

Encore un autre du mesme, où sont les deux portraits de Messieurs Anguier (2) et de Mademoiselle Anguier.

Trois tableaux de M. Loir Recteur de l'Academie. Le premier represente Berenice qui arrache vn papier des mains de Ptolomée, dans lequel estoient les noms des personnes condamnées à mort, parce que le Roy le lisoit en joüant, jugeant que quand il y va de la vie des hommes, il y faut plus d'attention.

Le second, Pithopolis femme de Pithes Roy, faisant servir sur table toutes sortes de viandes representées en or massif, pour guerir l'avarice de ce Prince qui vouloit que ses sujets ne travaillassent qu'aux mines d'or.

Le troisiéme, Policrite qui envoye vn pain à ses freres, dans lequel estoit vn avis important (3).

lerie des Tuileries, ils n'y seront toujours pas restés longtemps; car en l'an VII, on trouvait le passage du Granique, la tente de Darius, l'entrée d'Alexandre, dans le livret de la grande galerie, et dans celui de 1804, la défaite de Porus y figure à côté de la tente de Darius et de l'entrée dans Babylone.

Pendant toute la Restauration et le dernier règne, ils ont occupé les frises du grand salon. Le remaniement qui suivit Février les fit descendre à une place plus honorable dans la travée de la galerie qui touche aux Tuileries; le déplorable état de délabrement dans lequel se trouve cette partie, dont il sera impossible de se servir sans qu'il y soit exécuté d'énormes travaux, a forcé de leur chercher une autre place, et ils sont maintenant dans la grande salle du côté de la colonnade, où ils n'ont pas pu être aussi bien placés qu'ils l'étaient. Mais cette place n'est peut-être pas définitive. Si l'ancienne salle des séances, qui n'est maintenant qu'un grand espace froid, mal décoré et encore plus mal éclairé, était convertie en un grand salon éclairé par le haut, ce serait peut-être là leur place naturelle, à côté du grand salon où sont réunis les chefs-d'œuvre de l'école française moderne. Je n'ai pas besoin d'ajouter que ces grandes compositions ont été gravées par Audran et par Picard, dont les planches se trouvent à la Chalcographie du Louvre, où l'on s'en peut procurer des épreuves (n. 649, 647, 648 et 652 du nouveau livret).

(1) Il s'agit ici de l'oncle, c'est-à-dire du plus célèbre.

(2) Certainement les deux fameux sculpteurs, François et Michel Anguier: le premier, qui était l'aîné, était mort en 1669; le second ne mourut qu'en 1686, et fut seul de l'Académie.

(3) Ces trois tableaux de chevalet existent encore dans les magasins du Louvre, où ils sont de tous points dignes de demeurer, à cause de leur peu de mérite encore plus que de leur état de dégradation. Les inventaires,

De M. Girardon Recteur de l'Academie, vn buste de marbre representant Monsieur le Premier Président (1).

De M. Bernard Professeur (2), vn petit JESVS de miniature en ovale, et vn petit Paysage en quarré.

De M. Beaubrun Tresorier, deux Portraits; l'vn representant Monsieur Bottar Auditeur des Comptes, dans vn ovale; et l'autre Monsieur Renaudot Medecin (3).

De M. de Seve Conseiller de l'Academie, vn tableau representant vn Moyse qui donne à boire au troupeau des filles de Jethro.

De M. Juste le pere, deux tableaux; dans l'vn des deux sont les Portraits de Monsieur et Madame Perseval; et dans l'autre de Monsieur Perceval leur fils.

De M. Boulogne Professeur, deux tableaux; l'vn representant Dedale et Icare; Et l'autre Samson à qui Dalila coupe les cheveux pour le livrer aux Philistins.

De M. Buister Conseiller, vne figure de marbre representant Ganimede.

De M. Testelin (4) Secretaire, deux Portraits; l'vn du Roy, et l'autre de la Reine; et vn autre tableau du Temps qui arrache les ailes à l'Amour.

De M. Paillet, trois tableaux; deux desquels sont jaunes, verds, clairs-obscurs, ou camayeux (c'est comme l'on nomme cette sorte d'ouvrage;) l'vn represente Clelie qui se sauvant de chez le Roy Porsenna où elle estoit en ostage, passe le Tibre accompagnée de neuf Compagnes; et le petit ovale coloré la mesme chose.

qui n'en indiquent pas l'auteur, n'en expliquent pas non plus les sujets, ce qui se comprend de reste. Devinez donc tout ce qu'il y a dans ces cubes d'or et dans ce pain. Cela eût fait très-bonne figure parmi les énigmes peintes que les jésuites surtout faisaient faire pour les solennités annuelles de leurs colléges, et dont le musée d'Orléans conserve un si singulier spécimen de la main de Vernansal.

(1) Dans les salles de l'Académie, on en conservait la terre cuite : « Portrait de M. de Lamoignon, premier président, en buste, de terre cuite. « Original du buste de marbre que l'Académie a fait faire par M. Girardon, « dont elle a fait présent à M. de Lamoignon. » (Guérin, p. 51-2.)

(2) Le père du fameux traitant Samuel Bernard.

(3) Théophraste Renaudot, l'auteur de la *Gazette*, était mort en 1653 ; il s'agit ici de l'un de ses deux fils, Isaac ou Eusèbe, qui étaient médecins comme lui.

(4) Henri Testelin, le cadet ; l'aîné était mort en 1655.

L'autre camayeux ou clair-obscur represente Hipsicratée concubine du Roy Mitridate, qui le suit à la guerre (1).

De M. Mauperché (2) Conseiller, vn Paysage dans lequel est vne Vierge accompagnée d'Anges.

(1) Ces deux sujets de Paillet étaient, comme un certain nombre des tableaux de cette exposition, destinés à Versailles; ceux-ci se trouvaient dans la seconde pièce, c'est-à-dire dans l'antichambre de l'appartement. Nous les indiquerons tous, non pas d'après Piganiol, mais d'après le livre suivant, plus ancien et moins connu :

« Explication historique de ce qu'il y a de plus remarquable dans la maison « royale de Versailles et en celle de Monsieur à Saint-Cloud, par le sieur « Combes. Se vend à Paris, en l'imprimerie de B. C. Nego, demeurant sur « le grand escalier, court Neuve du Palais. — M.DC.LXXXI. — Avec privi- « lége du Roy. » Ce livre a même cette curiosité d'avoir un caractère particulièrement officiel, car il est accompagné des approbations suivantes : « Nous sous-signez peintres du Roy, certifions avoir leu et examiné un livre « intitulé, *Explication historique de ce qu'il y a de plus remarquable « dans la maison royale de Versailles*, dans lequel nous n'avons rien « trouvé qui ne soit conforme aux peintures. — Fait le 30 octobre 1680. « Signé Coypel et Paillette.

« Nous sous-signez sculpteurs du Roy, certifions avoir leu ce présent livre, « auquel il n'y a rien qui ne soit conforme aux sujets de sculpture repré- « sentez à Versailles. — Fait ce deuxième novembre 1680. Signé Regnaudin « et Coyzevox. » Voici maintenant la description des tableaux de Paillet :

« Au-dessus de la porte, en entrant, est Ipsicrate, femme du Roy Mithri- « dat, qui le suit à la guerre, et qui ne l'abandonna jamais dans toutes ses « adversitez et disgraces, où malgré sa valeur, il fut forcé de subir en « quelque manière la fortune des Romains ; son amour généreux et recon- « noissant la rendoit digne d'estre la femme d'un aussi grand Roy, comme « estoit Mithridat...

« Le cinquiesme ensuite au-dessus des fenestres, proche l'angle, est Clelie, « laquelle passe le Tibre avec ses compagnes, s'estant échappée des mains « du Roy Porcenna qui la tenoit en ostage. La vertu que cette fille fit voir en « cette rencontre, et la fermeté et le courage de Mutius Scevola, lorsqu'il se « brûla le bras en présence de ce Roy, furent autant de prodiges qui l'obli- « gèrent à lever le siége de devant Rome. » Gravé par Faubonne dans le Versailles immortalisé, ou les Merveilles parlantes de Versailles, en 9 tomes in-4°, composé en vers libres françois, par M. Jean Baptiste de Monicart, premier président des tresoreries de France à la généralité de Metz, avec une traduction en prose latine, par le sieur Romain le Testu de Rouen. In-4°, Paris, 1720. — Bien que ce ne soit qu'un sot ouvrage, il est malheureux, pour l'histoire du palais de Versailles, qu'il n'ait pas été publié, de ce singulier livre, plus des deux premiers volumes. On trouve là des détails qu'on chercherait vainement ailleurs.

(2) Mauperché a trop souvent répété les mêmes sujets, pour dire avec certitude que ce tableau est le même que celui ainsi décrit dans l'inventaire Bailly : « Un tableau de païsage sur le devant duquel paroît une fuite en « Egypte, accompagnée de trois anges dont il y en a deux qui tiennent des « fleurs d'environ 12 pouces, ayant de hauteur 7 p. 6 p. sur 3 p. 10 p. de

De M. Renaudin Conseiller, deux Bustes de plastre; l'vn de Democrite, et l'autre d'Heraclite; et vne petite Vierge en bas relief bronzé.

De M. Ferdinand Conseiller, trois Portraits; l'vn de Monsieur Hugot; l'autre en ovale, de M. le Chevalier d'Harcourt; et vn autre ovale de Monsieur Mouchi.

De M. Champagne Professeur, deux tableaux; l'vn representant Alexandre, auquel l'Ambassadeur d'Ethiopie vient faire des soumissions; Et l'autre est Ptolomée qui fait voir sa Bibliotheque aux Philosophes avec lesquels il confere (1).

De M. Blanchard, quatre tableaux; le premier representant la Nativité de Nostre-Seigneur.

Le second, Vespasien qui fait bastir le Colisée.

Le troisieme, Coriolan retenu par sa mère et par ses sœurs pour l'empescher d'aller à l'armée (2). Et le quatrieme est vn Portrait de femme en ovale.

De M. le Fevre (3) Conseiller, dix Portraits; Le

« largeur dans sa bordure dorée. (Fontainebleau, appartement de Monseigneur.) »

(1) Il s'agit ici du neveu, c'est-à-dire de Jean-Baptiste. Ces deux tableaux faisaient partie d'une suite de quatre pour le salon de Mercure à Versailles; ils sont ainsi mentionnés par Combes :

« Les tableaux des côtez du plat-fonds, qui ont du rapport avec Mercure, « sont des sujets de Science et d'Éloquence.

« Celuy qui est au-dessus des fenestres, représente Alexandre le Grand, « lorsqu'il fit apporter plusieurs espèces d'animaux, afin que le philosophe « Aristote parlât de leur nature, et qu'il en fit l'anatomie.

« Le second, c'est Auguste qui reçoit une ambassade d'Indiens, où un phi- « losophe nommé Calanus, après qu'il luy eût fait sa harangue, se mit sur « un bûcher et se brûla, pour faire parade de sa constance et en même temps « honneur à cet empereur. Apparemment ce philosophe, en faisant cette ac- « tion, cassa un vaze de terre qui ne pouvoit guère plus servir.

« Le troisième, qui est vis-à-vis des fenêtres, est Ptolomée roy d'Egypte, « qui fait construire une bibliothèque, lequel est accompagné de philo- « sophes et d'autres sçavans. »

Combes oublie le quatrième, qui est précisément un de ceux de l'exposition de 1673.

Il s'agit ici de Gabriel Blanchard le neveu de Jacques.

(2) Ces deux sujets étaient à Versailles dans le salon d'Apollon. Combes les décrit ainsi : « Vespasian qui fait édifier le Colizée de Rome; Coriolan « qui leve le siége devant Rome, à la prière de sa mère. » Seulement Combes donne ces tableaux à La Fosse, ce qui ne prouve pas en faveur de l'approbation de Coypel et de Paillet.

(3) C'est Claude Lefebvre de Fontainebleau, et non pas Roland Lefebvre dit de Venise, qui avait été exclu en 1656.

premier vn saint Pierre dans la grande salle; Le second de Monsieur de Seignelay fils de Monsieur Colbert; Le troisieme de M. le Comte du Lude Grand Maistre de l'Artillerie; Le quatre de Madame la Duchesse d'Aumont; Le cinq de M. le Président de Thorigny (1); Le six où est representé M. de la Grange Religieux de S. Victor; Le sept vn petite ovale où est le portrait du sieur Poisson Comedien; Le huit le Portrait de M. le Camus; Le neuf le Portrait du sieur la Fleur Comédien; et Le dixiéme Mademoiselle de Raimond.

De M. le Hongre Professeur, la Figure du Roy sur le cheval de bronze.

De M. des Jardins Professeur, deux bas-reliefs; l'vn representant Apollon qui poursuit Daphné; et l'autre representant vne Justice.

De M. Friquet Professeur pour l'Anatomie, vn tableau representant vn Moyse apporté par deux hommes à la fille de Pharaon.

De M. Rousselet Conseiller, quatre Tailles douces; l'vne representant vn Hercule qui tuë l'Hidre; La seconde, le mesme Hercule combatant Acheloüs; La troisieme, l'enlevement de Dejanire par le Centaure Nesse; Et la quatriéme, Hercule se jettant dans le bucher qu'il avait allumé sur le Mont Oeta; ces quatre Estampes gravées sur les tableaux du Guide, qui sont dans le Cabinet du Roy (2). Davantage, vne autre Taille-douce d'vn CHRIST descendu de la croix et porté au sepulcre par ses Disciples; gravé d'aprés le tableau du Titien, qui est au Cabinet du Roy (3). Lesdites Taille-douces sont dans la petite salle.

De M. Rabon (4) Conseiller, vn Portrait representant le Sieur Perier (5).

De M. Bodesson Conseiller, quatre tableaux; l'vn re-

(1) Il n'est pas probable que ce soit celui-même qui ait fait travailler Lesueur, mais ce ne peut être qu'un membre de sa famille.

(2) Ces quatre planches existent à la Chalcographie du Louvre, n. 125-8 du nouveau catalogue.

(3) *Idem*, n. 243.

(4) Pierre Rabon, du Havre.

(5) Ne peut pas être François Périer, le peintre, mort en 1650. Ce peut être son neveu, Guillaume Périer, ou encore quelque membre de la famille de Pascal.

presentant des fleurs dans un vaze de crystal posé sur vne corniche; vn autre representant vn Perroquet et des fleurs sur vn tapis violet; vn autre vn panier plein de fleurs posé sur une balustrade (1); Et le quatriéme est vn autre vaze pareillement plein de fleurs.

De M. le Maire (2), sept tableaux; l'vn representant le Portrait du General des Peres Mathurins, et l'autre Monsieur le Curé de saint Iean en Greve. Vn autre où est representé Monsieur Bachot et sa femme, laquelle presente à son mary vn cœur enflâmé. Le quatriéme est vn Portrait d'Enfant. Le cinquieme est le Portrait de Madame Daquin (3). Le sixiéme celuy de Monsieur l'Abbé son fils. Et le septième celuy de son autre fils, Chanoine de saint Nicolas du Louvre.

De M. Rousseau trois Paysages, et vn autre tableau d'Architecture en Perspective, tous de trois pieds chacun ou environ.

De M. Stella, vn tableau representant le Baptesme de N. Seigneur (4).

De M. Montagne, vn tableau rond representant vn CHRIST qui entre dans vne nasselle avec ses Disciples; et vn autre où est representé l'enlevement d'Hercule dans le ciel.

De M. Chasteaux, trois Estampes. La premiere est le Martyre de saint Estienne, gravé sur le tableau d'Hannibal Carache. La seconde, S. Paul enlevé au troisième ciel, gravé sur le tableau de Poussin. Et la troisième

(1) Le troisième est son morceau de réception, et était conservé à l'Académie : « *Tableau de 3 pieds 1/2 sur 2 1/2.* Il représente un panier plein de fleurs posé sur une table de pierre ; par M. BAUDESSON le père (Nicolas), né à Troyes, reçu académicien le 13 may 1673. La compagnie lui donna le même jour la qualité de conseiller. Mort le 4 septembre 1680, âgé de 71 ans. » (Guérin, p. 80.) Florent le Comte (III, 129) se trompe en le faisant vivre jusqu'en 1682. On peut voir dans le *Mercure galant*, n° de septembre 1680, 1re partie, p. 65, un petit article sur sa mort arrivée à Rome. Il est réimprimé dans notre publication des notes de Mariette, annexées aux Archives de l'art français.

(2) Non pas celui qui a été le camarade du Poussin, et qu'on connaît surtout comme peintre d'architecture, mais son neveu François le Maire dont parle Poussin sous le nom du petit Lemaire.

(3) Peut-être la femme du médecin.

(4) Cet article n'existe que dans la seconde édition. Je n'ai pas besoin de dire qu'il ne s'agit pas ici de Jacques Stella, mais d'Antoine Boussonnet dit Stella, mort en 1682 à 48 ans. On nous permettra de donner de lui le billet

une Assomption de la Vierge de Carache. Ces trois tableaux sont dans le cabinet du Roy (1).

De M. Valet six Estampes; la première d'vne grande These (2) representant l'Eglise qui foudroye l'Heresie. La seconde, vne Vierge d'après le Guide (3). La troisiéme, le Portrait du Duc de Savoye (4). La quatrieme, celuy de M. l'Abbé de Noüailles (5). La cinquiéme, le Portrait de feu M. d'Aubray Lieutenant civil. Et la sixiéme le Portrait de M. le Lieutenant Particulier (6).

De M. Picard, trois Taille-douces; la premiere representant la Vertu victorieuse des Vices, accompagnée des autres Vertus, et couronnée par les mains de la Gloire, gravée d'aprés le Correge (7). La seconde vn Concert de Musique. Et la troisiéme, vne sainte Cecile,

suivant, qui est inédit. Il se trouve sur un petit dessin de la collection du Louvre (n. 9595), représentant la mort de saint Pierre martyr :

« Mon Reverend pere, je vous enuoye ce petit dessin par lequel vous verrez que le sujet est plus emple de figure que vous ne pences, et si vous « este dans la resolution que je le paracheue je ne puis rien rabatre des « quatre vingt liures que je demanday a Monsieur Chevalie. Il sufira de deux « Anges pour porter les Trois couronnes; il pouront ausit tenir quelque « palme, le Tableau en cera mieux ainsi. En me renuoyant le dessin, vous « marquerez s'il vous plaist, si le jours est bien du costé que je lay fait venir; « vous en jugerez en aplican le dessin a la place où vous destines le tableau « et alors vous regarderez de quel costé vien le jour. J'atendray vostre « reponce pour comencer. Ce pendent je vous prie de me croyre mon tres « Reverend Pere.

« Vostre tres humble et tres
« affectioné serviteur

« A B. Stella. »

Une autre main du temps, celle du Révérend père ou celle de M. Chevalier a ajouté au crayon : 2 juillet 1680.

(1) Existent à la Chalcographie du Louvre, n. 31, 29 et 844.

(2) La première édition disait *teste.*

(3) Tête ovale : « *Fulcite me floribus, stipate me malis quia amore lan-* « *gueo.* » H. 390, L. 307.

(4) *Carolus Emanuel* 2 *D. G. Sabaudiæ dux Pedemontium princeps, Cypri rex, etc.* H. 484, L. 415.

(5) *Ludovicus Antonius de Noailles dominus Allobracensis. Anton. Paillet pinxit ad vivum* 1672. *Guill. Valet ex Academia regia sculp. cum pri. Re.* H. 393, L. 318. Tout jeune et en abbé.

(6) « Messire Antoine Ferrand conseiller destat lieut. part. civil et assesseur « criminel, seigneur de Villemilan. » H. 332, L. 292. D'après Antoine Paillet, gravé en 1664.

(7) Existe à la Chalcographie du Louvre, n. 85 du nouveau livret.

chantant les loüanges de Dieu (1). Ces deux dernieres gravées d'aprés les tableaux du Dominiquain, qui sont dans le Cabinet du Roy.

Vn grand tableau de plat-fond fait par M. Vignon, representant Mars avec sa Planete (2).

Vn tableau representant des Moutons et quelques Chevres, fait par M. Nicasius (3).

De M. Maniere (4) deux petites figures de Sculpture, l'vne d'vn Homme et l'autre d'vne Femme, tenant chacune vn vaze d'où elles versent de l'eau.

De M. Weugle, vn petit tableau representant vn Moyse à genoux devant le Buisson ardent.

De M. Charmeton, vn Paysage representant Diane qui va à la chasse avec ses filles.

De M. Dupuy (5) vn grand tableau qui represente vn Tapis et un Singe.

De M. Batiste quatre tableaux de Fleurs, desquels trois representent des Vazes antiques pleins de Fleurs, et dans le quatriéme on voit des Singes qui cueillent des Grenades (6).

(1) Chalcographie du Louvre, n. 100 et n. 94.

(2) Pour Versailles. Voici la description de Combes : « La seconde pièce « (de l'appartement de la Reine) est l'antichambre de la Reine, où l'on voit « dans le tableau du milieu du plat-fonds, Mars avec le Capricorne et le « Scorpion, qui sont les signes du Zodiaque qui lui appartiennent. Fait par le « sieur Vignon. » C'est Claude François le fils. Son plafond n'existe plus, il a été remplacé sous l'empire par un plafond de Paul Véronèse.

(3) Cet article ne se trouve que dans la 2e édition.

(4) C'est Laurent Magnier le père.

(5) Pierre Dupuis, de Montfort l'Amaury, peintre de fleurs et de fruits, dont il existe un beau portrait peint par Mignard d'Avignon, et admirablement gravé par Antoine Masson en 1663. Le dessin sur parchemin de Masson existe à notre Musée des dessins. Ce même portrait a été gravé en manière noire par P. François Dupuis, fils de Pierre, et qui sur la planche prend le titre de *Minonta*. Pierre Dupuis, né en 1608, reçu en 1664, est mort en 1682. Il y avait au XVIIe siècle encore d'autres peintres de ce nom; François Dupuis en Auvergne ; Louis Dupuis, reçu maître à Paris le 5 mai 1678, et à la fin du siècle, deux frères, Nicolas et Louis Dupuis, originaires de Pont-à-Mousson, sur lesquels on peut voir dom Pelletier, *Annoblis de Lorraine*, p. 220.

(6) C'est le fameux Baptiste Monnoyer. Dans la liste si complète et si utile, publiée par M. Dussieux dans les *Archives de l'art français*, l'on trouve avant lui un Baptiste le Romain dit Romain, peintre d'histoire, reçu en 1648, alors que le peintre de fleurs est né en 1635 ; il ne serait pas impossible qu'il y eût entre eux quelque lien de parenté. L'inventaire Bailly

De M. Laminoy (1) vn tableau de Paysage où est saint François, qui reçoit les stigmates.

De M. Huliot deux tableaux de Fleurs, dans l'vn desquels est vn Iardin où l'on void vne Fontaine et un Buste de femme couvert d'vn rideau, et dans l'autre est representée vne Moissine de raisins.

De M. Garnier (2) cinq Portraits, à sçavoir celuy de Monsieur Remy, de Monsieur Figuel, de Monsieur Dantan, de Monsieur Balthazar et de Mademoiselle Ragné, ce dernier fait de Pastel, outre lesquels Portraits sont encore six tableaux de Fruits, Melons et Raisins.

De M. Raon vne figure de Terre de deux pieds de haut representant Apollon.

De M. Corneille quatre tableaux, l'vn representant Sapho chantant et joüant de la Lyre.

Le second representant Aspasie Reine d'Egypte au milieu d'une conversation de sçavans hommes (3).

Le troisiéme representant Orphée et Euridice.

Et le quatriéme est vn petit Paysage, où l'on void vn Moyse qu'on expose sur l'eau.

De M. Vandremeule deux tableaux, l'vn representant la Ville de Lisle et l'autre celle de Dole, où dans tous les deux est le Roy (4).

décrit 61 tableaux du Baptiste qui nous occupe, c'est-à-dire de celui qui a exposé en 1673.

(1) Simon Laminoy de Noyon.

(2) Jean Garnier de Meaux.

(3) Faits pour la troisième pièce de l'appartement de la Reine. Ils sont cités par Combes, qui ne dit pas qu'ils soient de Corneille : « Le troisième « qui est au dessus de la cheminée est Sapho joüant de la lire et chantant. « Le quatrième qui est vis à vis est Aspasie en conversation avec des philo- « sophes. » On a remarqué l'inadvertance du livret et peut-être celle du peintre, *Aspasie reine d'Egypte*. Ce sujet figure encore au salon de 1699. Le sujet de Sapho est gravé par *Fauboune*, dans le Versailles immortalisé de Monicart, t. II, p. 48-54. Le sujet de l'Aspasie est gravé par Madeleine Hortemels, la femme de C. Cochin, pour le même volume, p. 55-75.

(4) Vandermeulen avait été reçu dans l'année. Ses deux tableaux se trouvent tous deux dans l'inventaire Bailly : « Un tableau représentant la ville « de l'Isle, sur le devant on voit le Roy, monté sur un cheval Isabelle assez « proche des Princes et d'une Abbaye. Figures de 13 à 14 pouces, ayant « de hauteur 6 p. 9 p. sur 9 p. 3 p. et demy de large dans sa bordure do- « rée. A Marly. » Piganiol (1re édition, p. 373) l'indique dans la salle où le roi mange. (Une main postérieure a écrit au crayon, sur l'inventaire Bailly,

De M. Bourguignon (1) quatre tableaux, desquels l'vn est son Portrait, un autre grand Portrait d'vne Dame à qui une petite fille presente des fleurs; et les deux autres sont deux Portraits d'hommes.

De M. Cotelle deux tableaux, l'vn dans vn Paysage ovale où est presenté vn petit Moyse dans vn berceau à la fille de Pharaon, et l'autre est vn petit tableau de Miniature representant vn Sacrifice.

De M. Houasse vn grand tableau d'vn Platfond representant la Terreur et ses attributs (2).

De M. le Clerc deux Estampes gravées à l'eau forte, l'vne representant le Mosolée ou Catafalque qui a esté fait à la memoire de feu Monsieur le Chancelier par Messieurs de l'Academie, de laquelle il a esté le Protecteur (3) : et l'autre representant l'Arc Triomphal de la Porte saint Antoine, et vne Façade du Chasteau du Louvre, toutes dans la petite salle.

le nom de Meudon.) Il est maintenant à Versailles dans le salon de l'Abondance.

« Un tableau représentant la ville de Dole, le Roy est à cheval et Mon-« sieur le Prince aussi, ayant un bonnet fouré sur sa teste et envelopé d'un « manteau bleu proche d'un Cavalier courant et d'un autre qui monte a « cheval. Figures de 13 à 14 pouces, ayant de hauteur 6 p. 10 p. et demy « sur 9 p. de large dans sa bordure dorée. (Marly) » On a ajouté au crayon : « Versailles, Cabinet de la Surintendance. » Piganiol (1re édit. 368) indique la Prise de Dôle comme étant dans le vestibule qui fait face à la grande entrée du jardin, mais il le donne à Jean Paul et non à Vandermeulen.

(1) Il n'est pas besoin de faire remarquer qu'il n'a rien de commun avec la famille des peintres de bataille, dont Bourguignon n'était que le surnom; celui-ci est Pierre Bourguignon de Namur.

(2) La 1re édition l'appelait Ouast et décrivait autrement le sujet, puisqu'elle le disait être : « Saturne chassé du ciel par Jupiter. » C'était le plafond du salon de Mars à Versailles, et Combes, que Piganiol a copié textuellement, le décrit ainsi :

« Dans le second tableau du Plat-fonds est représentée la Terreur accom-« pagnée de la Fureur et de l'Ire, qui poussent la crainte et la pâleur, pour « épouvanter les puissances de la Terre. » Houasse avait été reçu dans l'année.

(3) La cérémonie se fit dans l'église des R. P. de l'Oratoire de la rue Saint-Honoré, le 5 mai 1672. Leclerc fut reçu académicien en considération de cet ouvrage, et Guérin, en cataloguant cette planche dans sa description de l'Académie, nous apprend qu'elle fut donnée par l'auteur le 6 août 1672. De la collection de l'Académie, qui a un catalogue spécial (Paris, la veuve Hérissant, 1788, in-8° de 16 p.), elle est arrivée à notre Chalcographie (n. 2878 du nouveau livret in-4°.)

De M. Armant (1) vn Paysage dans lequel est representé vn Moyse sur l'eau.

Six tableaux de Trophées d'Armes faits pour Versailles, par Mademoiselle Madelene Boullogne, avec vn autre de fruits (2).

Et vn autre tableau d'un Paysage, fait par Mademoiselle Geneviéve Boullogne sa sœur.

Le Portrait de Mademoiselle Cheron, peint par ellemesme (3).

(1) Bien que Charles Armand ait été reçu le 23 juin de cette année même, le paysage qui figure ici n'est pourtant pas son morceau de réception, qui représentait Apollon et Pomone. (Guérin, p. 247.)

(2) Quatre trophées d'armes de Mlle de Boulogne sont encore placés en dessus de portes dans la seconde et la troisième pièce de l'appartement de la Reine. Bailly, qui les marque comme étant dans l'appartement de Madame la Duchesse de Bourgogne, les décrit ainsi : « Un tableau représentant « un trophée d'armes composé du'n casque, d'un bouclier, d'un sabre en« richy de pierreries, d'une Echarpe blanche et bleue entrelassée et un « bout de Rideau, ayant de hauteur 3 pieds et demy sur 4 p. 2 p. de lar« geur, ceintré par le haut.

« Un tableau représentant un casque sur lequel il y a une plume blanche « proche une Cuirasse et des pistolets (mêmes indications.)

« Un tableau représentant des Tambours et autres armes (mêmes indica« tions).

« Un tableau représentant des Timbales, des trompettes et un Casque « avec une plume rouge (mêmes indications.) »

Les deux autres tableaux du livret doivent être deux des quatre trophées d'instruments de musique, architecture et mathématiques que Bailly décrit ensuite.

(3) *Petit tableau ovale de 2 pieds* (Guérin, p. 183). Il est maintenant à Versailles. Mlle Elisabeth-Sophie Chéron, fille de Henri Chéron de Meaux, peintre en émail, mort à Lyon en 1677 (Florent Le Comte, III, 128), sœur de Louis Chéron, sur lequel on peut voir d'Argenville, (IV, 127), et femme de M. le Hay, ingénieur du Roi. M. Jean Fermel'huis, régent de l'académie de médecine et honoraire de celle de peinture, a laissé d'elle un Eloge Funèbre, Paris, Fournier, 1712, in-8° assez rare. On recourra plus facilement à d'Argenville (IV, 238) et à Piganiol, article de Saint-Sulpice (VII, 340-2). On connaît d'elle un certain nombre de portraits gravés ; celui de F. Chéreau d'après elle-même, dans lequel elle est indiquée comme peinte à l'âge de 35 ans; ce ne peut être celui de cette exposition, car, lorsqu'elle fut présentée par Lebrun, le 11 juin 1672, elle n'avait que 24 ans, étant née le 3 octobre 1648. Une jolie eau-forte d'elle-même diffère peu de l'estampe de Chéreau ; elle se fit encore, mais vieille, 1693, in-8°. Il existe aussi un portrait d'elle gravé par Bricard d'après Santerre. Le père Lelong cite une eau-forte in-4°, représentant les trois domestiques de Me Le Hay, son chat, son perroquet et sa servante, par Anne et Ursule de la Croix, ses nièces. L'Élisabeth de la Croix, dont Cliverius a gravé, à Lyon, en manière noire, un portrait de P. Sevin peint par elle à Paris, doit être une autre de ses nièces. Cela est

De M. Francisque (1) deux tableaux de Paysages de quatre à cinq pieds chacun ou environ (2).

De M. Aillier, vn tableau representant vne Charité Romaine, et deux Portraits en ovale (3).

de l'Imprimerie de PIERRE LE PETIT, Imprimeur et Libraire ordinaire du Roy. 1673.

d'autant plus probable, que Louis Chéron a fait de ce méchant et fécond peintre une médaille, qui a été gravée en deux planches par Ertinger.

(1) C'est Francisque Millet, qui fut enterré dans le cimetière de Saint-Nicolas-des-Champs. Brice, II, 37; Piganiol, IV, 56.

(2) C'est ici que se trouve dans la première édition, l'article : « Vn tableau « representant des Moutons et quelques Chevres, fait par M. Nicasius, » qu'on a déjà vu plus haut.

(3) C'est Nicolas Hallier, de Paris. Cet article ne se trouve que dans la seconde édition.

Liste des peintres et sculpteurs qui faisaient partie de l'Académie en 1673, et n'avaient aucun ouvrage à l'exposition du Palais-Royal.

(Nous n'ajouterons aucune indication à ces noms, pour lesquels nous renvoyons à la liste des académiciens dressée par M. Dussieux.)

Michel Anguier, Sc.
Jacques Bailly, P.
Le Bernin, Sc.
Jacques Buirette, Sc.
François Chauveau, Gr.
Noël Coypel, P.
Daret de Cazeneuve, P.
Antoine-Benoît Dubois, P.
Catherine Duchemin, Min.
Dufresne de Postel, P.
Charles Errard, P.
Bertholet Flemaël, Sc.
Henri de Gissey, Dessin.
Gerard Gosuin, P. de fl.
Gilles Guérin, Sc.
Charles Hérault, P.
Herrard Sc. et Gr.
Nicolas Heude, P.
Jacques Houzeau, Sc.
Pierre Hutinot, Sc.
Pierre Jaillot, Sc. en ivoire.
Charles de Lafosse, P.
Philippe Lallemant, P.
Martin Lambert, P.
Pierre Legros, Sc.
Mathieu Lemaire, P.
Lespagnandelle, Sc.
Pierre Lombart, Gr.
Balthasar de Marsy, Sc.
Gaspard de Marsy, Sc.
Benoît Massou, Sc.
Pierre Mazeline, Sc.
Jean Michelin, P.
Paul Mignard, P.
Isaac Moillon, P.
Louis de Nameur, P.

Hilaire Pader, P.
Jean Raon, Sc.
Renard de Saint-André, P.
Pierre Sarrazin, Sc.
Israël Silvestre, Gr.
François Tortebat, P.
J. B. Tuby, Sc.
Pierre van Schuppen, Gr.
Etienne Villequin, P.
Baudoin Yvart, P.

ESSAI DE BIBLIOGRAPHIE

DES LIVRETS

ET

DES CRITIQUES DES SALONS,

DEPUIS 1673 JUSQU'EN 1851.

Louis XIV.

TROIS EXPOSITIONS.

1673 — 1704.

1673.

Liste des tableaux et pièces de sculpture exposez dans la court du Palais Royal par Messieurs les Peintres et Sculpteurs de l'Académie Royale. In-4° de 4 feuillets. (Sans titre.) De l'imprimerie de Pierre le Petit imprimeur et libraire ordinaire du Roy. 1673.

On n'en a connu longtemps qu'un exemplaire, réimprimé par Gault de St-Germain, dans ses *Trois siècles de la peinture en France.* (Paris, Belin, 1818, un vol. in-8°.) Il était alors dans la collection Deloynes. Il y a quelques années, M. Richard, de la Bibliothèque nationale, a trouvé dans un des volumes de la collection Thoisy un exemplaire de chacun des deux tirages de ce livret. Ils sont maintenant réunis à la collection des livrets, et le 1er tirage est précédé de la gravure des armes de l'Académie, surmontées d'un soleil qui se trouve en tête des statuts de la communauté des maîtres de l'art. Paris, 1698, in-4°.

Récemment, le salon de 1673 a été l'objet de plusieurs travaux. M. Delecluze a commencé son salon de 1851 par en parler, et M. Eudore Soulié lui a consacré une notice spéciale dans l'*Artiste.*

1699.

Liste des tableaux et des ouvrages de sculpture exposez dans la grande galerie du Louvre par Messieurs les Peintres et Sculpteurs de l'Académie Royale, en la présente année 1699. A Paris de l'imprimerie de Jean

Baptiste Coignard imprimeur ordinaire du Roy, rue Saint-Jacques à la Bible d'or. MDCLXXXXIX. Avec permission. In-12 de 23 pages.

Il existe trois vues de cette exposition de 1699, et toutes trois sur ces grands almanachs ornés de gravures, qui ont été de mode pendant tout le XVIIe siècle. La plus grande et la meilleure se trouve sur l'almanach de 1700, publié chez Langlois et Trouvain, avec cette légende : « Exposition des ouvrages de « peinture et de sculpture, par Messieurs de l'Académie, dans la galerie du « Louvre en 7bre. » Cette vue, qui est la plus exacte, — les deux autres sont à peu près de fantaisie, — a été reproduite dans le *Magasin pittoresque*.— La seconde se trouve sur un autre almanach de 1700, encore publié chez Langlois, et qui a la même grande gravure, représentant la marche du corps de ville à l'inauguration de la statue de Louis XIV sur la place Vendôme ; elle a cette légende : « Exposition des tableaux des peintres de l'Académie « dans la grande gallerie du Louvre depuis le 2 jusqu'au 22 septembre « 1699. » — La troisième se trouve encore sur un almanach de 1700 publié chez G. et F. Landry, et dont la grande gravure offre M. de Phelipeaux prêtant entre les mains du roi le serment de chancelier ; elle a cette légende : « La grande gallerie du Louvre ornée de tableaux des plus fameux pein- « tre (sic) modernes pour la feste St-Louis par l'ordre de M. Mansart surin- « tendant des bâtiments du Roi, le 2e jusqu'au 22 septembre 1699. »

Appréciation du salon de septembre 1699. Dans *Florent le Comte.*

T. III, p- 241-73 de l'édition originale de son *Cabinet des singularités de peinture et d'architecture.* Paris, 1700, in-12 ; et p. 19-9225 de la réimpression de Bruxelles. Foppens, 1702.

1704.

Liste des tableaux et des ouvrages de sculpture exposez dans la grande gallerie du Louvre par Messieurs les Peintres et Sculpteurs de l'Académie Royale en la présente année 1704. A Paris de l'imprimerie de Jean Baptiste Coignard.... M.DCCIV. Avec permission. In 12 de 35 pages.

Louis XV.

VINGT-QUATRE EXPOSITIONS.

1737 — 1773.

1737.

Explication des peintures, sculptures et autres ouvrages de messieurs de l'académie royale dont l'exposition a été ordonnée suivant l'intention de Sa Majesté, par Monseigneur Orry, Conseiller d'Etat, Controleur genéral et Directeur genéral des Batiments, Vice protecteur de l'Académie, dans le grand salon du Louvre, à commencer au 18 aoust prochain jusqu'au cinq septembre de la présente année. — A Paris, rue Saint-Jacques. De l'imprimerie de Jacques Collombat premier imprimeur du roy, de la maison de sa Majesté et de l'Académie royale de peinture et de sculpture. 1737. Avec privilége du roy. In 12, de 24 pages et 2 d'arrest du conseil et privilége.

Le *Mercure de France*, numéro de septembre.

Ce salon, comme les quatre suivants du *Mercure*, jusques et y compris 1741, ne sont que des catalogues très-abrégés et annotés en quelques lignes.

GRESSET. Vers sur l'exposition des tableaux faits au Louvre en 1737.

Ils ont été publiés chez Prault père, en 8 pages; ils se trouvent dans les *Amusements du cœur et de l'esprit*, t. II, p. 403, et depuis dans toutes les éditions de ses œuvres.

1738.

Explication des peintures, etc. dans le grand salon du Louvre, à commencer du 18 aoust jusqu'au 10 septembre de la présente année 1738. Paris, Jacques Collombat 1738 in 12 de 34 pages (184 numéros).

Description raisonnée des tableaux exposés au Louvre. — Lettre à Mme la Marquise de S. P. R. *Signée* L. C. D. N. (le comte de ....) 9 pages in 8.

Datée de Paris, le 1er septembre 1738. La marquise d'Antin est parente de l'auteur. Le temps fixé par M. Orry pour la durée de l'exposition était de trois semaines.

Le *Mercure*, numéro d'octobre.

1739.

Explication des peintures, etc.... dans le grand salon du Louvre, à commencer le 6 septembre jusqu'à la fin dudit mois de la présente année 1739. Paris, Jacques Collombat, 1739 in 12 de 24 pages.

Description raisonnée des tableaux exposés au salon du Louvre. 1739 in 8 de 11 pages. (Lettre à Mme la

Marquise de S. P. R. par L. C. D. N.) — De l'imprimerie de Claude François Simon fils.

La lettre est datée du 9 septembre; l'approbation est du 14, le permis d'imprimer du 18. Du même auteur que l'avant-dernier article.

Le *Mercure*, numéro de septembre.

1740.

Explication des peintures, etc. dans le grand salon du Louvre à commencer le 22 Aoust 1740 pour durer trois semaines. Paris Jacques Collombat 1740 in 12 de 32 pages (127 numéros).

Le *Mercure*, numéro d'octobre.

1741.

Explication des peintures, etc. dans le grand salon du Louvre à commencer le 1 septembre 1741 pour durer trois semaines. Paris, Jacques Collombat, in-12 de 32 pages. (132 numéros.)

Lettre de M. de Poiresson-Chamarande lieutenant général au Bailliage et siége présidial de Chaumont en Bassigny, au sujet des tableaux exposés au salon du Louvre. Paris le 5 septembre 1741. In 12 de 46 pages.

On y trouve des vers de Senecé, sur l'Athalie de Coypel, adressés au père de l'artiste, qui à ce salon en avait une. — L'auteur promet de donner avant peu une édition des poésies de Senecé, avec sa vie. Cette lettre se trouve dans les *Amusements du cœur et de l'esprit*, t. XI, p. 1-46.

Le *Mercure*, numéro d'octobre.

1742.

Explication des peintures, etc. Dans le grand salon du Louvre. Par les soins du sieur Portail garde des plans et tableaux du roy. A commencer le jour de Saint-Louis 25 aoust 1742 pour finir le jour de Saint-Matthieu 21 septembre suivant. Paris, Jacques Collombat, 1742, in 12 de 36 p. (139 numéros.)

Lettre au sujet du portrait de son excellence Saïd Pacha ambassadeur extraordinaire du grand seigneur à la cour de France en 1742 exposé au salon du Louvre. — Le prix est de six sols. Paris. Prault père, 1742 in 12 de 18 pages.

1743.

Explication des peintures, etc, dans le grand salon du Louvre. Par les soins du Sieur Portail, Garde des Plans et Tableaux du Roy. A commencer le 5. jour d'Aoust 1743. pour finir à la Saint-Louis inclusivement. Paris, Jacques Collombat, 1743 in 12. 38 et 2 pages. (123 numéros.)

1745.

Explication des peintures,.. etc. Dans le grand Salon du Louvre. Par les soins du Sieur Portail Garde des Plans et Tableaux du Roy. A commencer le jour de Saint-Louis 25. d'Aoust 1745. pour durer un mois. Paris, Jacques Collombat, 1745 de 34 et 2 p. (174 numéros.)

1746.

Explication des peintures, etc, dont l'exposition a été ordonnée... par M. Le Normand de Tournehem, etc, dans le grand salon du Louvre. Par les soins du sieur Portail, garde des plans et tableaux. A commencer le jour de Saint Louis 25. d'Aoust 1746. pour durer un mois. Paris, Jacques François Collombat, in 12 de 29 et 2 p. (150 numéros.)

La Font de Saint Yenne. Réflexions sur quelques causes de l'état présent de la peinture en France avec un examen des principaux ouvrages exposés au Louvre le mois d'Août 1746. à la Haye chez Jean Neaulme. 1747. in 12. 155 p.

Il faut y joindre l'ouvrage suivant : Lettre de l'auteur des réflexions sur la peinture et de l'examen des ouvrages exposés au Louvre en 1746. In-12; 28 p. et 3 d'errata pour les réflexions.

1747.

Explication des peintures, etc, dans le grand salon du Louvre. Par les soins du sieur Portail, de l'Académie Royale de Peinture et de Sculpture, garde des plans et tableaux du Roy. A commencer le jour de Saint Louis 25. d'aoust 1747. pour durer un mois. Paris, J. F. Collombat, 1747 in 12 de 30 et 2 p. (133 numéros.)

L'abbé Le Blanc. Lettre sur l'exposition des ouvrages de peinture, sculpture, etc de l'année 1747 et en général sur l'utilité de ces sortes d'exposition. à M. R. D. R. in 12 1747 frontisp. gravé. in 12 de 180 p. Paris ce 30 août 1747.

Il commence par parler de l'ouvrage de Lafont de St-Yenne, sur le salon de 1746. Dans une seconde édition qui fut faite à Amsterdam, 1749, in-12 de 202 p. et 12 de table, on y a joint : Des jugements qu'a porté (sic) M. l'abbé le B. sur les différents ouvrages exposés au salon de 1747, p. 54-66.

(Lieudé de Sepmanville). Voy. *France littéraire.* Réflexions nouvelles d'un amateur des beaux Arts adressés à Mme de *** pour servir de supplément à la lettre sur l'exposition de l'année 1747. 1747. daté du 1er Octobre. in 12. 47 p.

C'est une critique de l'abbé Leblanc.

Charles Antoine Coypel. Dialogue de M. Coypel premier peintre du roi sur l'exposition dans le salon du Louvre en 1747. sans titre ni date. in 12 de 16 pages.

Les interlocuteurs s'appellent Dorsicour et Celigny ; publié dans le *Mercure* de novembre 1751, p. 59.

Epitre au roy sur quelques tableaux exposés au Louvre pour le concours proposé par M. de Tournehem Directeur general des Batiments par M. B.......—En vers de 8 pieds. 7 p. in 12. Approbation du 4 septembre, permis d'imprimer du 12. enregistré le 23. à Paris chez Prault.

Panard. *Les tableaux*, comédie en un Acte et en vers : représentée par les Comédiens italiens, ordinaires du Roy, pour la première fois, le 18 septembre 1747. Prix 24 sols. Paris, chez la Ve Lormel et fils, imprimeur in 8° de 33 p.

La scène se passe à Paris, dans un salon de l'Académie de peinture. A la scène IV, le Génie de la Musique dit à la Peinture :

Déesse, vous venez d'exposer à Paris,
Des ouvrages vainqueurs, des raisins de Reuxis (*sic.*)
Et de la Venus d'Appelle :
Phidias et Praxitelle
Sont effacés par des morceaux exquis.
Les curieux chez-vous admirent la finesse
Du Pastel, du Pinceau,

Du Burin, du Cizeau.
Leur travail n'eut jamais tant de délicatesse.

1748.

Explication des peintures, etc. , à commencer le jour de St Louis 25 d'août 1748, pour durer un mois. Paris. J. F. Colombat ; in 12 de 26 p. (117 numéros.)

Saint-Yves. Observations sur les arts et sur quelques morceaux de peinture et sculpture exposés au Louvre, où il est parlé de l'utilité des embellissements dans les villes, à Leyde, chez Élias Luzac junior. 1748. In-12 de 211 p. et 1 page d'errata.

Lettres sur les peintures, sculpture et architecture. A M. ***. 1748. In-12 de 139 pages (marqué 239) et 6 de table et d'errata.

(Baillet de Saint-Julien). Réflexions sur quelques circonstances présentes contenant deux lettres sur l'exposition de tableaux au Louvre cette année 1748, à M. le comte de R***, datée du 21 septembre. In 12 de 23 p. et 2 d'errata.

Examen des principaux ouvrages exposés au Louvre le 25 août 1748. p. 91. — 148 de la lettre sur la peinture. 2e édition. Amsterdam 1749. 202 p. et 12 de table.

On y trouve (p. 177-97) des observations sur la suite des tableaux de Médée par de Troy.

Lettres écrites de Paris à Bruxelles sur le salon de peinture de l'année 1748.

Manuscrit in-4° de 63 pages, conservé à la Bibliothèque de l'Arsenal; bonne écriture de copiste peu instruit. (*Belles-lettres françaises. Sciences et arts*, n° 214.)

Ce sont trois lettres datées des 7, 14 et 24 septembre. Elles ne sont pas signées, et sont adressées à M. de... qui allie l'amour des beaux-arts à l'étude et aux soins militaires. L'auteur s'étonne que les peintres ne traitent pas de sujets historiques du temps. « Vous ne scauriez croire le chagrin « qu'en a Mme de B... qui, parmi les personnes instruites des mouvemens « qu'elle s'est donnés par le passé pour engager M. Orry a ouvrir ce salon, « regarde ce salon comme son propre ouvrage. » C'était son mari qui lui avait donné le goût de la peinture et l'avait engagée à presser M. Orry. « A présent que les infirmités plus que l'age la retiennent chez elle, il y a « toujours grand monde. » La 1re lettre s'occupe surtout de l'utilité du salon, et des réformes que l'Académie introduit dans les réceptions ; la scène est chez Mme de B.

La 2e s'occupe de la critique, non des tableaux, mais de celle de l'abb Leblanc (qui parle du salon précédent, de la rue de Grenelle, de St-Sulpic et de St-Louis du Louvre); c'est M. de Ma... qui va à Bruxelles et portai la lettre et le livret.

La 3e parle des tapisseries de Jason faites sur les dessins de de Troy et de réformes dans les réceptions.

En somme peu importantes et n'ayant guère de faits.

Lettre à M. D*** sur celles qui ont été publiées récemment; concernant la peinture, la sculpture, l'architecture, etc. 1748. In 8° de 15 pages.

1749.

Il n'y eut pas de salon en 1749, et l'on s'en plaignit. Il parut à ce sujet la lettre suivante :

Lettre sur la cessation du salon de peinture, à Cologne 1749, à Madame de R*** le 31 août 1749. In-12 de 47 p.

1750.

Explication des peintures, etc., à commencer le jour de St. Louis 1750 pour durer un mois. Paris, J. F. Collombat. 1750, in 12 de 32 p. (150 numéros.)

Baillet de St. Julien. Trois lettres sur la peinture à un amateur. A Genève 1750, petit in 8 de 44 pages avec cette épigraphe :

Voyons tout par nos yeux :
Ce sont là nos trépieds nos oracles, nos dieux.
Œd. de Volt.

La première lettre avait d'abord paru seule, petit in-8° de 29 pages; il aut lui joindre :

Réponse de l'amateur à la première lettre sur la peinture, datée du 20 septembre 1750. Signé F. In 8 de 16 pages. s. t.

Il faut ajouter au recueil complet des trois lettres la critique suivante :

Remerciement à M. B** auteur des lettres sur la peinture, vulgairement appelées la critique du sallon, et imprimée à Genève en 1750, par M. Z** peintre de l'Acad. de St Luc. In 12 de 25 pages.

Un superbe manuscrit in-4° des lettres de Baillet, avec l'indication *ex libris Georgii Gougenot de Croissy*, existe au cabinet des estampes (n° 115; Y a.); il y a de plus une description du Luxembourg et des tableaux de Rubens.

Mercure de France. Numéro d'octobre, p. 132-8.

Le numéro de novembre, p. 155, nous apprend que le salon fut prolongé jusqu'au 8 octobre, pour montrer quatre tableaux de M. de Troy arrivés de Rome la veille de la clôture, deux de chevalet, Susanne et les vieillards, qui est maintenant au musée d'Angers, Loth et ses filles, et deux grands, la reine de Saba, et Abigaïl aux pieds de David.

Lettre sur les tableaux à Madame V***. 1750. In 8° de 3 pages.

C'est une lettre satirique publiée dans le *Mercure* de décembre, p. 154-6.

1751.

Explication des peintures, etc., à commencer le jour de St. Louis 25 d'aoust 1750, pour durer un mois. Paris. La veuve de J. F. Collombat. 1751, in 12 de 32 p. (101 numéros.)

(Le Comte ou Coypel). Jugemens sur les principaux ouvrages exposés au Louvre le 27 août 1751. à Amsterdam 1751. 40 pages in 12.

Gautier. Observations sur les tableaux exposés dans le salon du Louvre au mois d'aoust 1751.—P. 61-76 des Observations sur la peinture, sur les tableaux anciens et modernes dédiées à M. de Vandieres, par M. Gautier, inventeur de l'art de faire des tableaux sous presse et pensionnaire de sa majesté. Tome I. Année 1753 in-12.

Ce volume est extrait des Observations sur l'histoire naturelle, la physique et la peinture, par M. Gautier, 2 vol. in-4° par année. A l'année 1753, je désignerai ce volume sous le nom de *Gautier*.

Exposition des ouvrages de l'Académie Royale de peinture, faite dans une des Sales (*sic*) du Louvre, le 25 août 1751. in-12 de 12 p.

Au bas de la 12e *page* : Cette pièce est extraite du *Mercure* d'octobre, 1751, page 158.

1753.

Explication des peintures, etc., dont l'exposition a été ordonnée, etc., par M. de Vandières, etc. à commencer le jour de St Louis, 25 d'aoust 1753, pour durer jusqu'au 25 septembre. Paris. J. J. E. Collombat, in 12 de 36 p. (184 numéros.)

(Lacombe). Le Salon; in 8 de 39 pages, avec un frontispice gravé à l'eau forte.

Cité par Fréron dans *Gautier*, p. 304-9.

1754.

Le salon. S. d. avec une eauforte; un connaisseur ave une loupe arrête l'auteur sur l'escalier. in-32 de 39 p.

Fréron (dans *Gautier*, p. 333) a conservé le souvenir d'une estampe fait pour répondre aux critiques ; c'est un aveugle avec des lunettes conduit pa son chien et qui écrit ce qu'il en pense. L'idée a été reprise.

(ESTÈVE). Lettre à un ami sur l'exposition des ta bleaux faits dans le grand sallon du Louvre le 25 aoû 1753. in 12 de 24 p.

Cité par Fréron dans *Gautier*, p. 309-15.

(L'abbé LAUGIER). Jugement d'un amateur sur l'expo sition des tableaux. Lettre à M. le marquis de V***; i 12 de 83 pages.

Cité par Fréron, dans *Gautier*, p. 328 ; la meilleure dit-il.

(L'abbé GARRIGUES DE FROMENT). Sentiments d'u Amateur sur l'Exposition des tableaux du Louvre, et l critique qui en a été faite. in-12, de 44 p. S. D.

Fréron, dans *Gautier*, p. 322-7.

(HUQUIER). Lettre sur l'exposition des tableaux a Louvre avec des notes historiques. in 12 de 65 p.

Fréron, dans *Gautier*, p. 329, la trouve mauvaise.

(JOMBERT). Lettre à un amateur en réponse aux cri tiques qui ont paru sur l'exposition des tableaux. S. I in 12 de 36 pages et 1 f. blanc.

Sur Huquier, Lacombe et Estève ; en promet une seconde ; Fréron dan *Gautier*, p. 329-30.

Lettre à MR. Ch(ardin), sur les caractères en peinture à Genève 1753. (P.19 à 23), lettre de M. des Roche à M. le comte de ***, contenant quelques jugements su le salon et les divers ouvrages qui ont paru à ce sujet in 12.

Parle du salon et de l'ode sur la peinture; sans l'aveu de Chardin, dit Fré ron, p. 330-2.

FRÉRON. L'éloge du salon et des peintres en généra et en particulier.

Reproduit dans *Gautier*, p. 336-52.

FRÉRON. Extraits concernant les brochures qui on paru sur l'exposition de cette année.

Réimprimés avec quelques notes critiques dans Gautier (p. 303-32,) qui les de plus fait suivre d'une récapitulation de l'*Extrait critique* de M. Fréron, p. 333-5).

GAUTIER. Réflexions sur les tableaux du salon de 1753.

Dans son volume, p. 279-89.

L'abbé LEBLANC. Observations sur les ouvrages de MM. de l'Académie de peinture et de sculpture, exposés au sallon du Louvre en l'année 1753, et sur quelques écrits qui ont rapport à la peinture. in 12. 1753. de xx, 173 p. et 2 p. d'errata.

A M. le président de B***.

Exposition des ouvrages de l'Académie Royale de Peinture et de Sculpture faite dans une sale (*sic*) du Louvre le 25 août 1753. in 12 de 7 pages.

Le *Mercure de France*.

Dans le numéro d'octobre, p. 158.

(DE LA FONT DE SAINT-YENNE). Sentimens sur quelques ouvrages de Peinture, Sculpture et gravure, écrits à un particulier en Province. 1754. in 8° de VI et 182 pages.

S'occupe d'une seule critique dont il cite des passages sans la désigner; — l'auteur, parlant de lui, dit qu'il a rectifié une erreur dans la seconde édition du livret du cabinet du roi au Luxembourg (p. 112).

1755.

Explication des peintures, etc., dont l'exposition a été ordonnée par M. le marquis de Marigny, etc., dans le grand salon du Louvre pour l'année 1755, Paris. J. J. E. Collombat. 1755 in 12 de 43 et 2 f. (177 numéros.)

Le *Mercure*, numéro de novembre.

Lettre sur le salon de 1755, adressée à ceux qui la liront. à Amsterdam chez Arkstée et Merkus 1755. in 18 de 81 pages.

Etait couverte en vert (nous l'apprenons de la lettre d'un particulier).

Lettre à un partisan du bon goût sur l'exposition des tableaux faite dans le grand sallon du Louvre le 28 août 1755. in 12 de 24 p. s. t.

— Seconde lettre à un partisan du bon goût sur l'exposition des peintures, gravures et sculptures faite par Messieurs de l'Académie Royale dans le grand salon du Louvre le 28 août 1755. in 12 de 24 p. s. t.

La première a été contrefaite ; on peut reconnaître ces exemplaires à ce qu'ils portent : Le prix est de dix sols. — Elle a été réimprimée sous ce titre :

Première lettre à un virtuoso qui ira bientôt à Rome apprendre qu'un beau tableau doit être d'une mauvaise couleur. in 12. 24 p. s. t.

Réponse à une lettre adressée à un partisan du bon gout, etc. in 12. 27 p. et 2 feuillets blancs. s. t.

Sentimens sur plusieurs des tableaux exposés cette année au grand sallon du Louvre. 1755. in 12 de 20 pages.

Signé D..p..te P. D. M.

Lettre d'un particulier à un de ses parents peintre en province. sur le sallon. à Paris ce 19 septembre 1755. in 8° de 15 pages.

Apprend qu'il y a eu deux éditions du livret à cause de la non-concordance des numéros.

Réponse d'un aveugle à Messieurs les critiques des tableaux exposés au salon. 1755. in 12 de 10 p. et 1 f. blanc.

1757.

Explication des peintures, etc, dans le grand salon du Louvre pour l'année 1757. Paris. J. J. E. Collombat 1757, in 12 de 37 et 2 pages (162 numéros).

Le *Mercure*, numéro d'octobre.

Réflexions sur la critique des ouvrages exposés au sallon du Lnovre (qui a paru sous le titre d'*Extrait d'observations sur la physique et les Arts*). in 8 de 10 pages. Extrait du *Mercure*, second tome d'octobre 1757.

1759.

Explication des peintures, etc., dans le grand salon du Louvre pour l'année 1759. Paris, J. J. E. Collombat, in 12 de 34 et 2 f. (164 numéros.)

(MARMONTEL). Dans le *Mercure*, numéro d'octobre.

C'est le passage suivant de ses mémoires qui nous a appris que cet article était de Marmontel, alors en possession du privilége du *Mercure* : « Cochin, homme d'esprit, dont la plume n'était pas moins pure et moins « correcte que le burin, faisait aussi pour moi d'excellents écrits sur les arts « qui étaient l'objet de ses études. Ce fut sous sa dictée que je rendis compte « au public de l'exposition des tableaux en 1759, l'une des plus belles que « l'on eût vues et qu'on ait vues depuis dans le salon des arts. Cet examen « était le modèle d'une critique saine et douce ; les défauts s'y faisaient « sentir et remarquer ; les beautés y étaient exaltées. Le public ne fut point « trompé, et les artistes furent contents. » (Mémoires, livre VI.)

Observateur littéraire 1759. T. IV, pages 96 et 167.

Lettre critique à un ami sur les ouvrages de Messieurs de l'Académie Exposé au sallon du Louvre 1759 in 8 de 32 pages.

Réponse à une lettre critique contre les tableaux.

Dans le neuvième cahier de l'*Observateur littéraire*, 1759. T. IV, p. 263 et suivantes, datées du 13 octobre. Il y en a eu un tirage à part, avec ce titre :

Réponse à un écrit anonyme intitulé : Lettre critique à un ami sur les ouvrages de Messieurs de l'Académie, exposés au salon du Louvre, in 12 de 21 p.

Avis aux critiques des Tableaux exposés au sallon. sans date 8° de 4 pages.

Trente-six vers, dont voici les quatre premiers :

Sans vouloir offenser le docteur genevois,
On peut dire de lui ce qu'on disait d'Homère ;
Que cet homme divin, sommeillant quelquefois,
Pour une vérité nous donne une chimère.

Rien autre, dans cette pièce, ne peut servir à lui assigner une date. Le Discours de Rousseau est de 1750; la pièce, conservée à la Bibliothèque nationale, est extraite d'un recueil qui figure au catalogue de Falconet, imprimé en 1763. On ne peut donc pas se tromper beaucoup en la mettant aux environs de 1759.

1761.

Explication des peintures, etc., dans le grand salon du Louvre pour l'année 1761. Paris. J. J. E. Collombat, in 12 de 36 p. (1574 numéros.)

DIDEROT. Dans ses œuvres. (Ed. Brière, tome IV.)

Nous ne voulons rien dire de ces salons ni des autres salons du même auteur, qui, malgré leurs défauts, restent peut-être encore les premiers parmi tous ceux qui ont été écrits; mais c'est plus que jamais le cas de rappeler que, depuis longtemps, M. Walferdin, le dernier éditeur de Diderot, promet à la légitime curiosité du public trois salons de Diderot, venus depuis en sa possession, et entièrement inédits. Il serait malheureux, puisque ces salons sont arrivés jusqu'à nous, de ne pas les sauver tout à fait en les imprimant. Jusque-là ils pourraient encore avoir chance d'être détruits ou égarés, et ce serait une véritable perte.

Observations d'une société d'Amateurs sur les tableaux exposés au salon cette année 1761. Tirés de *l'Observateur littéraire* de M. l'abbé de la Porte. A Paris, chez Duchesne, in 12 de 72 pages.

Le *Mercure*, numéro d'octobre.

1763.

Explication des peintures, etc., dans le grand salon du Louvre pour l'année 1763. Paris. Jean Thomas Hérissant, 1763, in 12 de 43 p. (208 numéros.)

Description des tableaux exposés au sallon du Louvre avec des remarques. Par une société d'amateurs. Extraordinaire du *Mercure* de septembre. Prix 12 sols. A Paris au bureau du *Mercure*, ou chez Seb. Jorry 1763. in 12 de 67 p.

Le *Mercure*, numéro d'octobre.

FRÉRON. Sans doute dans l'*Année littéraire.*

Bachaumont (XVI 202) se moque de sa grande dissertation sur le clair-obscur.

(MATHON DE LA COUR). Lettre à Madame ** sur les peintures les sculptures et les gravures exposées dans le salon du Louvre en 1763. à Paris chez Gme Duprez et Duchesne, in 12 de 93 pages, titre gravé.

« M. Mathon, jeune homme qui a des velléités de littérature, vient de débuter par de petites lettres sur le salon, etc. » (Bachaumont. 15 octobre 1763. Additions; t. XVI, p. 202). Il y a une édition antérieure de la première lettre seule; in-12 de 22 pages.

Lettre sur le salon de M.DCC.LXIII. — Lettre sur les Arts, écrite à Monsieur d'Yfs de l'Acad. Roy. des Belles lettres de Caen par M. du P... académicien associé, in 12 de 64 p.; daté du 25 septembre.

1765.

Explication des peintures, etc. Paris. Jean Th. Herissant, 1765, in 12 de 46 p. (261 numéros.)

Denis DIDEROT. Dans ses œuvres. (Ed. Brière, tome IV.)

Le *Mercure*, numéro d'octobre.

MATHON DE LA COUR. — Lettres à Monsieur *** sur les peintures les sculptures et les gravures exposées au salon du Louvre en 1765. (4 parties in-12. 25, 23, 24 et 24 p.)

Le nom n'est pas sur le titre, mais le livre est signé à la fin : M. de la Cour. Il y en eut dans l'année même une réimpression avec le nom et augmentée d'une table. En voici le titre :

Lettres à Monsieur *** sur les peintures les sculptures et les gravures exposées dans le sallon du Louvre en 1765. A Paris chez Bauche et d'Houry. Prix 15 s. octobre 1765. in 12 de 99 p. titre gravé.

Voir sur ce livre l'opinion de Bachaumont, 11 novembre 1765, II, 299.

Critique des peintures et sculptures de Messieurs de l'Académie Royale l'an 1765. La lettre d'envoi est signée *Le P*; in 12 de 34 p.

1767.

Explication des peintures etc. Paris, Hérissant père 1767, in 12 de 46 et 2 p. (243 numéros.)

DENIS DIDEROT. Dans ses œuvres (Ed. Brière, t. IV.)

BACHAUMONT. Trois lettres publiées dans ses Mémoires secrets; tome XIII (ed. de 1780 in 12), p. 1-34.

Ce salon, et ceux qui parurent après lui dans les *Mémoires secrets*, furent réunis en un volume ayant le titre de :

Lettres sur les peintures, sculptures et gravures de Messieurs de l'Académie exposées au Sallon du Louvre depuis 1767 jusqu'en 1779, commencés par feu M. de Bachaumont, auteur des mémoires secrets pour l'histoire de la république des lettres, etc., et depuis sa mort continuées par un homme de lettres très célèbre. Londres, Adamson, 1780 in 12 de 332 p.

Le *Mercure*, numéro d'octobre.

1769.

Explication des peintures, etc. Paris, Hérissant père, 1769, in 12 de 46 et 2 pages. (259 numéros.)

DENIS DIDEROT. Lettres sur le salon de 1769. (Dans ses œuvres. Ed. Brière, t. VII.)

BACHAUMONT. Trois lettres. T. XIII (éd. 1780), p. 35-71.

DESBOULMIERS. Dans le *Mercure*, numéro d'octobre.

Il est signé, contrairement aux habitudes du *Mercure*. Ce Desboulmiers était un petit littérateur, auteur d'opéras-comiques perdus dans l'oubli.

Lettres sur l'exposition des ouvrages de peinture et de sculpture au sallon du Louvre 1769. à Rome et se trouve à Paris chez Vente. avec approb. et per. in 12 de 52 p.

Dans les additions de Bachaumont, t. XIX, p. 141, on fait remarquer que cette critique qu'elles louent « fera d'autant plus de peine à l'Académie, que « le gouvernement jusqu'ici très-attentif à empêcher de répandre tout ce qui « pouvoit offenser l'amour propre de ces messieurs, paroît avoir approuvé « cette brochure qui se vend publiquement et avec permission. » Nous sommes loin du temps où de tels détails étaient un événement.

Lettres sur le salon des peintres de 1769 par M. B*** à Paris chez Humaire. 1769 in 12 de 34 p.

L'*Année littéraire*. lettre 13. Tome V. p. 289 — 324.

DE CAMBURAT. L'exposition des tableaux du Louvre faite en l'année 1769. par M. de Camburat à Genève, et se trouve à Paris chez Valade. (En vers libres) in 8 de 22 p.

Sentiments sur les tableaux exposés au salon, 1769 in 8 de 30 p.

Le Chinois au salon 1769. in 8 de 15 p.

Comme fleuron de titre, la même corne d'abondance qu'au volume des sentiments.

Lettre sur les peintures gravures et sculptures qui sont exposées cette année au Louvre par M. Raphaël peintre, de l'Académie de S. Luc entrepreneur général des enseignes de la ville, faubourgs et Banlieue de Paris ; à

M. Jérosme son Ami, Rapeur de Tabac et Riboteur. Se trouve à Paris chez Delalain. 1769 in 8 de 40 p.

Les additions de Bachaumont, XXIV, 346, disent que cette lettre est de M. DAUDÉ DE JOSSAN.

Réponse de M. Jérome rapeur de tabac à M. Raphaël, se trouve à Paris chez Joubert fils. 1769. in 8 de 33 p.

Cette réponse, dans laquelle on prend la défense de MM. de l'Académie, est de Cochin, le secrétaire de l'Académie de peinture ; on l'avait d'abord attribuée à Sedaine, secrétaire de l'Académie d'architecture. Les additions au Bachaumont, t. XIX, p. 144 et 146, disaient que ce pamphlet, qui fit grand bruit, et dont on fit honneur à beaucoup de gens, à Voisenon, à Diderot, à d'Alembert, à Marmontel, était plutôt du comte de Lauraguais, grand amateur des arts. L'Académie en fut assez piquée pour employer M. de Marigny, son directeur : « Il a agi si efficacement que la police a arrêté le pamphlet pendant deux « fois vingt-quatre heures et a exigé de l'auteur des corrections qui gâtent, « comme on s'en doute bien, et émoussent tout le sel de la critique. Heu-« reusement la faveur du public avait déjà enlevé une infinité d'exemplaires.» (140,142,143,144). Ainsi pour une collection il faut réunir les exemplaires des deux sortes. — Cet opuscule a été réimprimé dans les œuvres de Cochin.

1771.

Explication des peintures, etc. Paris, Hérissant père, 1771, in 12 de 58 et 2 p. (320 numéros.)

Le continuateur de Bachaumont, t. XIII. Ed. de 1780. p. 69-112.

Bachaumont était mort le 28 avril 1771.

Le *Mercure de France*, numéro d'octobre.

La Muse errante au sallon ; apologie critique en vers libres suivant l'ordre des numéros des peintures sculptures et gravures exposées au Louvre en l'année 1771. *Ut pictura poësis*, à Allais et se trouve à Paris chez Cailleau libraire, rue des Mathurins à St André 1771. in 12 de 48 pages.

Apprend que le salon fermait le 30 septembre.

Lettre de M. Raphaël le jeune, élève des écoles gratuites de dessin, neveu de feu M. Raphaël peintre de l'Académie de St Luc a un de ses amis architecte à Rome sur les peintures etc. Prix trente sols. 1771. in 8 de 62 pages.

L'auteur a feint que la fille du Suisse lui a vendu pour le livret *une rela-*

tion de moi Henri Nicolas Brandhals, souisse du Loufre de ce que j'ai fu et entendu la nouit du 25 *Aou* 1772. C'est le procès verbal et la querelle des tableaux entre eux. Bachaumont (17 et 19 sept. 71. V, 372-3) dit que les peintres se donnent beaucoup de mouvement pour faire arrêter cette censure; mais que l'auteur a mis Cochin dans ses intérêts en le prévenant et en lui montrant son manuscrit, de sorte que les obstacles seront bientôt levés. On dit (Additions, t. XXIV, p. 346) qu'elle est de M. DAUDÉ DE JOSSAN, comme la première lettre de Raphaël.

L'ombre de Raphaël, ci devant peintre de l'Académie de St Luc à son neveu Raphaël etc. en réponse à sa lettre, etc. Prix trente sols 1771. in 8 de 59 pages.

Même impression que le précédent, et que la première lettre de Raphaël.

Plaintes de M. Badigeon marchand de couleurs, sur les critiques du sallon de 1771. A Amsterdam et se trouve à Paris chez Louis Cellot Imprimeur libraire rue Dauphine 1771. in 8.

Servent d'introduction à une lettre supposée perdue du Baron de *** à Milord ***, traduite de l'anglais et datée du 20 septembre.

1773.

Explication des peintures, etc, dont l'exposition a été ordonnée suivant l'intention de Sa Majesté par M. l'abbé Terray, etc. Paris, la Veuve Hérissant, 1773 in 12 de 57 et 2 p. (291 numéros.)

Dans la suite de Bachaumont. 3 lettres. T. XIII. Ed. 1780; p. 112-56.

Description des tableaux exposés au Sallon du Louvre, avec des remarques. par une société d'amateurs. Extraordinaire du Mercure de Sept. prix 12 sols. à Paris, au Bureau du *Mercure de France*, rue Ste Anne. ou chez Sebastien Jorry, Imprimeur-libraire, 1773. in 12 de 67 p.

Se trouve au *Mercure*, dans le numéro d'octobre.

Les trois sallons de 1773, 1777 et 1779. Lettre à Mme la Margrave régnante de Bade. Ms. de 194 p. in 8.

Vente de la bibliothèque de M. Jules Goddé, nº 830 du catalogue.

Eloge des tableaux exposés au Louvre, le 26 août 1773, suivi de l'entretien d'un lord avec l'abbé A... S. n. 1773. à Paris in-8 79 pages.

De M. DAUDÉ DE JOSSAN (Additions du Bachaumont. T. XXIV, p. 346). « Cette nouvelle tournure (il est l'auteur des lettres de Raphaël) auroit pu

« être très-piquante, si les artistes en garde contre ce frondeur téméraire, « n'avoient eu recours à l'abbé Terrai leur protecteur actuel, et prévenu « d'avance la police pour arrêter ce qui les blesseroit. En sorte que cet écrit « a eu toutes les peines du monde à percer, et qu'il paroit dans un état pi- « toyable, corrigé, défiguré, en un mot sans nul intérêt ni sarcasme.» En note mte : « Chez Le Jay prix 1 liv. 4 s.

Le Dévidoir du Palais Royal instrument assez utile aux peintres du sallon de 1773. *Ridendo dice re verum* à la Haye 1773 in 12 de 39 p.

Est appelé ainsi par les critiques ; ces notes enveloppaient soi-disant le dévidoir de la belle Laure ; on y dit qu'à l'exposition de la jeunesse sur la place Dauphine (le jour de l'octave de la Fête-Dieu) on fit ôter comme impies, sur le passage de la procession, les portraits de Préville et de Feulie.

Vision du Juif Ben-Esrom, fils de Sépher, marchand de tableaux, Prix 12 sols. à Amsterdam 1773 in 8 de 32 pages.

Bachaumont en parle sous le titre de la Vision. 21 septembre 1773; VII, 64.

Dialogues sur la peinture, seconde édition enrichie de notes. à Paris Imprimé chez Tartouillis, aux dépens de l'Académie et se distribue à la porte du salon. in-8 de 168 pages.

Pièce satirique : les interlocuteurs sont milord Lyttelton, monseigneur Fabretti, prélat romain, monsieur Remi, marchand de tableaux. C'est Pierre Remy, celui qui a rédigé tant de catalogues pour les belles ventes e tableaux du XVIIIe siècle. — La Bibliothèque du Louvre en possède une copie manuscrite in-8°.

Louis XVI.

HUIT EXPOSITIONS.

1775 — 1789.

1775.

Explication des peintures, etc., dont l'exposition a été ordonnée par M. le comte de la Billardrie d'Angeviller, etc. Paris, la veuve Hérissant, 1775, in 12 de 46 et 2 f. (302 numéros.)

Le continuateur de Bachaumont. T. XIII. 3 lettres. Ed. de 1780, p. 156-206.

Le *Mercure de France*, numéro d'octobre.

Observations sur les ouvrages exposés au sallon du Louvre ou lettre à M. le comte de *** S. t. in 12 de 59 pages (avec approbation et permis d'imprimer) de l'imp. de Didot.

La suite des mémoires de Bachaumont (18 8bre 1775; VIII, 242) dit qu'on les attribue à un nommé COLSON (Jean-François Gilles, fils de Jean-Baptiste Gilles, né à Dijon en 1733 et mort en 1803) mauvais peintre de portraits et encore « plus mauvais écrivain. Il crache à chaque ligne des « termes de l'art qui n'apprennent rien aux peintres et ennuie le reste des « lecteurs. Du reste il ménage et loue tout le monde. »

Courtes mais véridiques réflexions sur l'exposition des tableaux de l'année 1775. A Genève, 1775. in 8 de 20 pages.

La lanterne magique aux Champs-Elysées ou entretien des grands peintres, sur le sallon de 1775. in 8 de 40 pages.

Entretiens sur l'exposition des tableaux de l'année 1775. in 8 1775 de 48 p.

Entre l'abbé, le chevalier, et Mlle Fanfale.

L'art de voyager loin sans sortir d'une chambre. Lettre à Mademoiselle de *** sur les tableaux exposés, etc. 1775.

Manuscrit in-8° de 40 pages, au Cabinet des estampes (Y a, 130).

(LESUIRE). Coup d'œil sur le sallon de 1775 par un aveugle. à Paris chez Quillau et Ruault 1775. avec approbation et privilége in 12 de 27 p. de l'imp. de Didot.

(Par l'auteur de l'Eloge de Catinat dédié à lui-même). — Mentionné dans la suite des Mémoires de Bachaumont au 18 octobre; VIII, 242.

1777.

Explication des peintures, etc. Paris, la Ve Herissant, 1777. in 12 de 57 et 2 f. (318 numéros.)

Critique du salon de 1777 attribuée à *Joshua* REYNOLDS. *Artiste* de 1849; fin de l'été.

Dans la continuation de Bachaumont, trois lettres. Tome XI, éd. de 1780, p. 1-51.

« Elles ne sentent nullement l'artiste, mais sont d'un amateur éclairé, « plein de goût, et qui sait féconder et orner une matière naturellement « sèche et monotone. » (Bachaumont, 26 déc. 79; XIV, p. 325.)

Le *Mercure de France*, numéro d'octobre.

Lettres pittoresques à l'occasion des tableaux exposés au sallon en 1777. à Paris chez P. F. Gueffier libraire imprimeur. Avec permission. in 12 de 48 pages, plus une suite (lettr. 4 à 7) aussi de 48 pages.

La Prêtresse ou nouvelle manière de prédire ce qui est arrivé à Rome et se trouve à Paris chez les marchands de Nouveautés, 1777. in 8 de 30 pages.

Rien, comme on voit, ne ferait supposer, dans ce titre, qu'il se puisse agir du Salon.

(Lesuire). Jugement d'une demoiselle de quatorze ans sur le sallon de 1777. à Paris chez Guillau 1777. avec approbation et permission in 12 de 26 pages. de l'impr. de Didot.

De l'auteur du Coup d'œil sur le sallon de 1775 par un aveugle.

Réflexions d'un petit dessinateur qui voit peut-être les choses trop en grand. à Paris de l'imp. de la veuve Hérissant. 1777 in 12.

Les tableaux du Louvre, ou il n'y a pas le sens commun, histoire véritable. Prix 12 sols. de l'imp. de Cailleau 1777 Avec approbation et permission in 8 de 32 pages.

Des vers manuscrits attribués au Marquis de Villette.

Il est au Louvre un Galetas
. . . .
Tout se trouve placé de sorte
Qu'on croit l'abbé Terray dedans
Et que Sulli reste à la porte.

Suite de Bachaumont, 8 8bre 1777. X (de l'éd. de 1780), p. 236-8.— Au 19 octobre, p. 256, il cite les cinq critiques précédentes.

Bachaumont (X, 231) a conservé un distique sur une gravure de l'abbé Terray exposée à ce salon ;

Le 1er interlocuteur.

Quoi ! ce monstre gravé ! cet infâme ! ce traître ?

Le second.

Cartouche l'est, Terray doit l'être.

1779.

Explication des peintures, etc. Paris, la Veuve Herissant, 1779 in 12 de 50 p. et 3 (293 nos avec la page de supplément).

Le continuateur de Bachaumont. 3 lettres. T. XIII, édit. de 1780, p. 207-250.

Le *Mercure* de septembre.

(LESUIRE). Le Mort vivant au Sallon de 1779. à Amsterdam et se trouve à Paris Chez Quillau l'ainé. 1779 in 12 de 24 p.

Ce mort vivant est le peintre Lemoine.

Les Connaisseurs, ou la matinée du Sallon des tableaux. Prix 10 sols. à Paris, chez les Marchands de nouveautés. 1779. in 12 de 19 p.

Le Visionnaire, ou Lettres sur les Ouvrages exposés au Sallon; par un ami des Arts. à Amsterdam. 1779. in 12 de 95 p.

La deuxième lettre, qui occupe les pages 40 à 95, a été publiée après la première.

(L. J. H. LEFEBURE). Janot au Salon; ou le Proverbe. à Paris chez Hardouin. 1779 in 8° de 32 p.

Publié avec : Lettres d'un voyageur à Paris à son ami Sir C. Lovers, demeurant à Londres, sur les nouvelles estampes de M. Greuze, intitulées *la Dame bienfaisante*, *la Malédiction paternelle*, et sur quelques autres estampes, gravées d'après le même artiste, publiées par M. N***; à Londres, et se trouve à Paris, chez Hardouin. 1779. In-8° de 69 p.

Encore un rêve, suite de la prêtresse. à Rome, et se trouve à Paris Chez Valade. 1779. in 8° de 29 p.

Le *Pied de nez*, qui le cite, l'indique avec raison comme étant la suite d'un rêve commencé il y a deux ans. Voyez à l'année 1777.

Coup de patte sur le Salon de 1779; dialogue précédé et suivi de réflexions sur la peinture. Athènes (Paris) 1779. in 8° de 44 p.

Il y en a eu une seconde édition; voyez, à l'année 1781, le titre de la *Patte de velours*. Comme on dit celle-ci de l'auteur du *Coup de patte*, cette première se trouvait par là être aussi de Carmontelle.

Le Miracle de nos jours; Conversation écrite et recueillie par un Sourd et muet; et la bonne Lunette. S. L. ni D. in 8° de 74 p.

Le *Miracle* (pages 1-32) est en vers jusqu'à la page 28; la *Lunette* (pages 32-74) est en prose.

Le Sallon, ouvrage du moment 1779. à la Haye. et se trouve à Paris chez Belin. in 12 de 20 p. (en vers).

Le lit de justice du Dieu des Arts ou le pied de nez des critiques du sallon ; suivi de l'arrêt rendu entr'eux en la cour du Parnasse. 1779. a la Haye et se trouve à Paris chez Belin. in 12 de 37 pages. (Dialogue.)

Les huit critiques précédentes y sont passées en revue.

Ah ! Ah ! Encore une critique du Sallon ! Voyons ce qu'elle chante. Aux derniers les bons. Prix 20 sous. A la Grenade et se trouve à Paris. 1779. in 8. de 31 p.

Le littérateur au Sallon ou l'examen du paresseux. suivi de la critique des critiques. prix douze sols. au Sallon, et se trouve à Paris, chez Hardouin. 1779.

Coup-d'œil sur les ouvrages de peinture, sculpture et gravure, de Messieurs de l'académie royale, exposés au Sallon de cette année. 1779 à Geneve. in 12 de 36 p.

1781.

Explication des peintures, etc. Paris, la Veuve Herissant, 1781, in 12 de 56 et 2 p. plus 5 pages de supplément. (318 n^{os} avec le supplément.)

La continuation de Bachaumont. Trois lettres.

Indiquées comme étant de celui qui a écrit celles de 1779 ; c'est peut-être le même qui les a toutes écrites depuis Bachaumont ; s'il est le même que celui qui rédigeait les nouvelles, ce serait Pidansat de Mairobert. Promises d'abord par le volume 18e et données dans le 19e (1783), à la suite des additions, p. 337-81. — N'ont pas été réimprimées. (Voy. page 29.)

Le *Mercure*, numéro d'octobre.

(M^{r} ***). La Patte de velours, pour servir de suite à la 2e éd. du *Coup de Patte*, ouvrage concernant le salon de peinture année 1781 à Londres et se trouve à Paris chez Cailleau. in 8°.

Dialogue en prose ; la préface du *Pourquoi* dit M. T***.

Bachaumont, qui donne la liste des opuscules publiés sur le salon, donne à celui-ci le numéro 10 ; il nomme Carmontelle, et dit sa critique outrée ; on y apprend que « l'auteur n'a pu être reçu de l'Académie, ce qui lui donne « de l'humeur contre ses membres. » Bachaumont, XVIII (1782) ; 6 octobre 1781, p. 80-3. — On a vu le *Coup de patte* au salon de 1779, et on retrouvera ce titre au salon de 1787.

Panard au sallon.

N'étant d'aucun parti, je parlerai sans fard.
Au torrent des flatteurs si ma plume résiste,

C'est que l'on doit songer à l'art
Avant de songer à l'artiste.

1781. à la Haye et se trouve à Paris chez Belin. in 8 de 30 p.

Cité dans Raffle de sept; Bachaumont, 6° ; prose entremêlée de vaudevilles.

Galimathias anticritique du Salon ou la cause des meilleurs peintres et sculpteurs plaidée par un avocat. à Neufchatel 1781 in 8 de 39 pages.

Cité dans Raffle de sept; et dans Bachaumont sous le n° 1, qui le dit trop indulgent : « il remplit trop souvent son titre. »

Pique Nique convenable à ceux qui fréquentent le Sallon préparé par un aveugle. 1781 in 8 de 23 pages.

Cité dans Raffle de sept; le 3° de Bachaumont.

(LESUIRE). La Muette qui parle au salon. à Amsterdam, et se trouve à Paris, chez Quillau l'aîné. 1781. in 12. de 23 p.

Cité dans Raffle de sept, et dans Bachaumont (2°) comme honnête et peu savant.

(Mr de L.). La Peinturomanie ou Cassandre au Salon Com. parade en vaudevilles. à Rome, et se trouve à Paris, chez Le Jay. 1781. 8° de 30 p.

Cité dans Raffle de sept. Cité dans la préface du *Pourquoi*, qui donne l'initiale de l'auteur, que Bachaumont (5°) dit être l'auteur d'un ouvrage intitulé : *les Boulevards*.

(Mr R***). Réflexions joyeuses d'un garçon de bonne humeur sur les tableaux exposés au Sallon en 1781.

Air du vaudeville de la Rosière.

Riez, chantez, amusez-vous,
Partagez mon heureux délire.
Riez, chantez, rien n'est si doux;
La gaité plaît dans la satire,
Et quant on critique en chantant,
Autant en emporte le vent.

Prix 20 sous. à l'isle Sonnante et se trouve à Paris chez la veuve Vatel. 1781. in 8. 31 p. mêlé de couplets.

Cité dans Raffle de sept; le *Pourquoi* donne l'initiale.

« M. R...., garçon peintre qui n'a pu réussir même à la miniature, an- « cien élève de l'Académie, à laquelle il a été forcé de renoncer, et qui « chante aujourd'hui ses professeurs. » Bacháumont 7° : « Avait fait des couplets sur le salon de 1779.» Est-ce le miracle de nos jours indiqué p. 36.

La vérité critique des tableaux exposés au sallon du Louvre en 1781. à Florence, et se trouve à Paris, au Louvre. 1781. 8° de 31 pages. Prix 16 sous.

Avec une gravure à l'eau-forte, « où l'auteur, figurant la Vérité, mais « pas aussi nud qu'elle, tourne le dos au public pour composer, écrit « de la main gauche, et est assis sur une chaise qui se rompt. » Bachaumont. (N° 9.) Cité aussi dans Raffle de sept.

Le miracle de nos jours.

« Le *Miracle de nos jours* ne mérite pas qu'on en parle, ni même qu'on « le lise. » Bachaumont (4°). Il y a déjà une publication sous ce titre en 1779.

Le Pourquoi ou l'ami des Artistes. à Genève 1781. in 8. de 35 p.

Celui que Bachaumont (N° 11) estime le mieux; dit qu'il examine les critiques et s'avoue sculpteur; détails curieux sur l'état de l'Académie et sur quelques-uns de ses membres.

Raffle de sept ou réponse aux critiques du Sallon 1781. à la Haye et se trouve à Paris chez Belin. in 8° de 23. pages.

Bachaumont N° 9 le dit en faveur de MM. de l'Académie.

Lettre — d'Arthiomphile — a Madame — Merard de St-Just, — sur l'exposition au Louvre, en 1781, des Tableaux, Sculptures, Gravures et Dessins des Artistes de — l'Académie royale. Extrait du journal de Nancy. M.DCC. LXXXII. in 8 de 40 p.

« Puisque votre volonté expresse m'ordone de réitérer ce que j'exécutai « en 1779 (p. 5), — par une protection particulière, j'ai passé deux heures « chaque matinée au sallon de peinture, qui ne sera ouvert qu'après demain, « comme vous le savez (p. 5). » Il parle de l'Adam et Ève de Bounien (sic) qui se voyait chez lui à la Bibliothèque du roi (daté à Paris du 23 août 1781).

On y a joint : Lettre à l'auteur du *Journal de Nancy* (extrait du *Journal de Nancy*, 8 janvier, sur les œuvres de Merard St-Just).

Le seul exemplaire que j'aie vu (N° 200 de la vente F. X. M... Oct. 1849) portait cette note manuscrite : « On n'a tiré de cette lettre (elle est du mari « de la dame à qui elle est adressée) que six exemplaires, les six sur papier « vélin. »

Jugements sur nos peintres et nos sculpteurs. Philadelphie (Paris) 1781. in 8.

Annonces, affiches et avis divers, ou *Journal général de France.*

Les articles relatifs au salon se trouvent :
Le mercredi 12 septembre 1781. Page 2119.

Le vendredi	14	septembre	1781, page	2136.
Le lundi	17	—	1781.	2161.
Le jeudi	20	—	1781.	2184.

1783.

Explication des peintures, etc., Paris, la Vve Herissant 1783. In-12 de 58 et 2 p. plus 1 p. de supplément. (En tout 320 numéros.)

Le continuateur de Bachaumont. Trois lettres sur le Salon. T. XXIV (1784), p. 1-54.

Le *Mercure*, numéro de septembre.

Observations générales sur le Sallon de 1783, et sur l'Etat des arts en France par M. L'.... P.... (L'abbé ...). 1783. in 8 de 47 pages.

Le *Journal de Paris*.

Les *Petites affiches*.

Messieurs, Ami de tout le monde. Molière, Amphitrion, acte premier, scène première, 1783, in 8 de 32p.

Changez moi cette tête, ou Lustucru au salon. Dialogue entre le duc de Malborough, un marquis françois et Lustucru. à Paris, chez Belin, 1783, in 12 de 42 p.

C'est, dit *l'Impartialité*, un nouveau domino de l'auteur de la brochure précédente.

(Beffroy de Reigny). Malborough au Sallon du Louvre, première édition, contenant discours préliminaire, chansons, anecdotes, querelles, avis, critiques, lettre à Mlle Julie, changement de têtes, etc., etc. Ouvrage enrichi de figures en taille-douce. *Par pari refertur. Phœdri fab.* à Paris aux dépens de l'Académie Royale de peinture et sculpture et se trouve au Louvre, sur les quais de Gèvres et des Augustins, au palais Marchand, aux fauxbourgs comme à la ville, à Amsterdam, à Constantinople, à Londres, à Rome et enfin par toute la terre. 1783, in 8. 32 pages, en attendant le supplément.

Avec huit spirituelles figures à l'eau-forte qui sont des charges de tableaux. — « Mais quand un *Vivien de la Grifonardière*, » dit la réponse aux critiques du salon de 1783, « aura l'imprudence d'entrer en lice, sous le nom « de Malborough... »

Le Véridique au Sallon; le prix est de vingt sols. à Athenes et se trouve à Paris chez Cailleau et Petit. 1783 in 8 de 32 pages.

Le triumvirat des Arts ou dialogue entre un peintre, un musicien et un poëte sur les tableaux exposés au Louvre. année 1783. Pour servir de continuation au Coup de patte et a la Patte de velours. Aux Antipodes in 8 de 44 p. prix 1 liv. 4 s.

(J. B. PUJOULX). Momus au Sallon, comédie critique en vers et en vaudevilles, suivie de notes critiques. le prix est de 1 liv. 10 sols 1783 (in 8. 70 pages).

Les notes critiques sur les tableaux occupent les pages 66-70. Sur l'auteur, mort en 1821, on peut voir Beuchot, *Bibliographie de la France*, 1821, p. 593.

Entretiens sur les tableaux exposés au salon en 1783, ou jugements de M. Quil, lay, procureur au chatelet et son épouse; Madame Fi, delle et Mademoiselle Descharmes nièce de Maître Lami, et a M. Dessence Apothicaire Ventilateur. 1783 in 8 de 59 pages.

Les peintres volants, ou dialogue entre un françois et un anglois sur les tableaux etc. in 8 de 49 pages.

Nous indiquerons ici, parce que nous ne savons pas à quelle année il se rapporte, un ouvrage d'un titre analogue par M. Jean-Baptiste-Modeste Gence : « Entretien paisible entre un François et un Anglois sur les peintures du sallon, » cité dans l'*Histoire littèraire d'Amiens*, p. 410. Comme M. Gence est né au milieu de 1755, ce livre se doit rapporter au dernier tiers du dix-huitième siècle.

(LESUIRE). La morte de 3000 ans (Dibutade) au salon de 1783. a Amsterdam et à Paris, chez Quillau. 1783 in 12 de 24 pages.

Par l'auteur du *Coup d'œil d'un aveugle*, 1775; de *la Demoiselle de 14 ans*, 1777; du *Mort vivant*, 1779; de *la Muette qui parle*, 1781.

Apelle au Sallon 1783. in 12 de 25 p.

(J. B. PUJOULX). Le songe ou la conversation à laquelle on ne s'attend pas; la scène est au sallon de 1783. (En prose.) a Rome (Paris) 1783. in 8 de 35 pages.

Les tableaux se parlent entre eux.

Loterie pittoresque pour le salon de 1783. A Amsterdam 1783 in 8 de 20 pages.

Sans Quartier au Sallon ; avec un précis de la vie de Sans Souci eleve de M. Raphaël des Porcherons, histoire tres véritable. Prix 1 liv. 4 sols. à Amsterdam 1783. in 8 de 49 pages.

Un exemplaire porte : Prix 1 livre.

Le Paysan de Béotie.

Cité seulement dans Réponse.

Le sallon à l'Encan, rêve pittoresque mêlé de vaudevilles en dialogue in-8 de 36 p.

La Critique est aisée mais l'art est difficile in 12 de 26 p.

L'impartialité au sallon dédiée à Messieurs les Critiques présens et à venir. Prix 12 sols. à Boston et se trouve à Paris chez les marchands de nouveautés. 1783 in 8. de 39 pages.

Cette brochure est de Renou le peintre. (Voir Discours et Mémoire justificatif de M. Renou secrétaire adjoint, lu par lui-même à la séance du 29 septembre 1787. Imprimé par ordre et sous le privilége de l'Académie, à Paris, 1787 ; in-8° de 16 p.) Il s'y dit l'auteur dans le journal (de Paris?) de *le Combat des critiques...* et se défend d'avoir fait les salons du *Journal de Paris.*

Réponse à toutes les critiques sur les tableaux du salon de 1783 par un frère de la Charité. Prix vingt quatre sols à Rome. In 8 de 63 pages.

A ces critiques, j'ajouterai une dernière indication, celle de couplets non pas imprimés, mais gravés, qui se vendirent dans le Louvre et étaient dirigés contre Mmes Guiard, Lebrun et Coster ; ils doivent être fort rares, si même ils existent quelque part, et je ne les connais que par une lettre de Ducis à Mme d'Angivilliers où il la prie de demander à M. Lenoir d'agir auprès de M. de Chanlo, gouverneur du Louvre, pour que celui-ci en défende la vente. Cette lettre est publiée dans la *Revue rétrospective*, tome V., p. 315-6 ; elle est datée du 19 septembre 1783.

1785.

Explication des peintures, etc. Paris, la Veuve Hérissant, 1785, in 12 de 60 p. (324 numéros.)

Coup d'œil exact de l'arrangement des peintures du salon du Louvre en 1785, gravé de mémoire et terminé durant le temps de l'exposition. A Paris, chez Bornet, peintre en miniature, rue Guénégaud, n° 24.

Cette gravure de Martini est des plus curieuses en ce qu'elle donne la physionomie matérielle, qu'aucun livre ne rend jamais. Le côté représenté est celui de la porte ouvrant sur l'escalier alors placé à la place de la nouvelle Salle des bijoux.

Le continuateur de Bachaumont. Trois lettres. Tom. XXX ; 1786 ; p. 161-213.

Le *Mercure*, numéro d'octobre.

(L'ABBÉ SOULAVIE). Réflexions impartiales sur les progrès de l'art en France et sur les tableaux exposés au Louvre par ordre du Roi en 1785. à Londres et se trouve à Paris à l'entrée du sallon et chez les libraires qui vendent les nouveautés. — 1785 in 8 de 36 p.

Bachaumont, t. XXX, p. 190, à la note, et p. 256, à la date du 9 septembre, donne le nom que nous venons d'ajouter d'après suite.

Discours sur l'origine, le progrès et l'état actuel de la peinture en France, contenant des notices sur les principaux artistes de l'Académie pour servir d'introduction au sallon. a Paris chez les Marchands de Nouveautés 1785 in 8 de 38 pages.

Observations critiques sur les tableaux du Sallon de l'année 1785 pour servir de suite au discours sur la peinture. à Paris chez les marchands de nouveautés 1785 in 8 de 24 pages.

Mélanges de doutes et d'opinions sur les tableaux exposés au sallon du Louvre en 1785. *Parcere personis dicere de vitiis.* Prix 12 sols. à Amsterdam 1785 in 8 de 30 p.

Observations sur le Sallon de 1785. Extraits du *Journal général de France*, in 8 de 34 pages. s. t. ni d.

L'exemplaire de la bibliothèque de la rue de Richelieu a cette note manuscrite de l'abbé Capperonnier.

« Rédigé par M. l'abbé de Fontenay sur les num. donnés par quelqu'un « de l'académie de peinture. Le sel est la contre vérité des portraits et du « caractère de plusieurs des peintres nommés et loués excessivement. »

L'Espion des peintres de l'Académie Royale. année 1785. in 12 de 55 p.

L'Aristarque moderne au sallon. *Hic apum stimulus et mel.* a Paris chez les marchands de nouveautés 1785. in 8 de 24 p.

Les tableaux ou reflexions tardives d'un homme qui

arrive de la campagne sur le sallon de 1785 à Paris chez les Mds de N. 1785. (En vers avec quelques notes) in 8 de 16 p. avec approbation et permission.

Le peintre anglais au salon de peintures exposées au Louvre en l'année 1785. *Parcere personis dicere de vitiis. Virg. Æneis.* 1785. in 8 de 31 pages; avec un supplément de 7 pages.

Le Frondeur ou dialogue sur le sallon par l'auteur du Coup de Patte et du Triumvirat. 1785 in 8 de 67 p.

(Gorsas). Promenades de Critès au sallon de l'année 1785. *Hæ nugœ seria ducent* (sic) *Horat. de art. poet.* à Londres et se trouve à Paris chez les Mds de Nouveautés. 22 p. in 8.

Seconde... *Iterum hæ nugæ...* 39 p. in 8.

Troisième... *Terque hœ nugœ.* à Londres et se trouve à Paris chez Hardouin et Gattey lib. de la Duchesse de Chartres et chez les marchands de nouveautés in 8 de 60 p.

Avis important d'une femme sur le Sallon de 1785 par Madame E. A. R. T. L. A. D. C. S. dédié aux femmes. *Anch'io son pittor.* 1785 in 8 de 39 pages.

Jugement d'un musicien sur le salon de peinture de 1785. *Ubi plura nitent... non ego paucis offendar maculis.* à Amsterdam et se trouve à Paris chez Quillau l'ainé. 1785 in 12 de 23 p.

Momus au sallon ou la gazette infernale par M. L. B.D. B. (Voyez page 46.) *Audaci verum dicere semper licet Ps. IX.* le prix est de 24 s. A Gattières et se trouve à Paris chez Ardouin et Gattey. in 8 de 34 p.

(J. B. Pujoulx). Figaro au salon de peinture piece épisodi-critique en prose et en vaudevilles par l'auteur de Momus au salon. Prix 18 sols. à Rome 1785. Paris. Bailly 1785 in 8 de 24 p.

Avec une eau-forte, Figaro au salon.

Inscriptions pour mettre au bas des différents tableaux exposés au sallon du Louvre en 1785. à Londres et se trouve a Paris chez Cailleau et Bailly. 1785. in 8. de 12 pages (en vers).

Impromptu sur le salon des tableaux exposés au Louvre en 1785. Dialogue en vers. a Londres et se trouve à Paris chez Cailleau; s. d. in 8 de 15 pages.

Les portraits; dial. entre un peintre et un poëte. s. n. s. d. (1785).

Cat. Solcinne, n° 4004, peut ne pas se rapporter au salon.

Lettre à Emilie sur quelques tableaux du Sallon. in 8° de 7 p. (mélange de prose et de vers).

Observations philosophiques sur l'usage d'exposer les ouvrages de peinture et de sculpture, à Madame la Baronne de Vasse par M. Viel de Saint-Maux; à La Haye et se trouve à Paris, chez Bleuet, libraire, pont Saint-Michel 1785. in 8° de 23 pages.

1787.

Explication des peintures, etc. Paris, de l'Imprimerie des Bâtiments du Roi, et de l'Académie Royale de Peinture. 1787, in 8 de 59 p. (327 numéros.)

P. A. MARTINI Parm[s] faciebat. Lauda conatum. Exposition au salon du Louvre en 1787. A Paris, chez Bornet, peintre, rue Guénégaud, n° 24, et à Londres, n° 7, St-Georges Row, Hyde Park.

Cette seconde gravure est aussi curieuse que celle faite par le même auteur pour l'exposition précédente, et il est malheureux que nous n'en ayons pas plus de deux.

Le continuateur de Bachaumont. Trois lettres sur le sallon. T. XXXVI (1789), p. 345-406.

(M. DE CHARNOIS). Le *Mercure de France*, numéro de septembre.

L'article n'est pas signé, mais une liste des collaborateurs avec l'indication de leurs travaux se trouvant au mois de décembre 1787, on sait par elle qu'il faut donner ce salon à M. de Charnois, qui faisait habituellement dans le *Mercure* la partie de la musique.

Observations critiques sur les tableaux du salon de l'année 1787. (IIme suite de discours sur la peinture). à Paris 1787. in 8 de 32 pages.

Merlin au salon en 1787. à Rome 1787. in 8 de 30 p.

Que cet écrit, peut-être un peu malin,
Mais courageux et surtout nécessaire,
Mes chers amis ait le don de vous plaire.
DUNCIADE.

Lettre d'un amateur de Paris à un amateur de province sur le sallon de peinture de l'année 1787. à Paris 1787 in 8 de 24 pages.

La Bourgeoise au sallon. Prix douze sols. à Londre et à Paris. 1787. in 8 de 23 pages.

Inscriptions pour mettre au bas de différens tableaux exposés au sallon du Louvre en 1787. à Londres et à Paris chez Royez. 1787 in 8 de 16 p. (en vers).

Lenlaire au salon académique de peinture par M. L. B... de B... de plusieurs académies, auteur de la gazette infernale. à Gattieres et à Paris. 1787. in 8 de 35 p.

Un tiers est employé à justifier la parodie de Tarare, qui est de l'auteur de la brochure et à dire des injures à Mme Dugazon. Cette parodie de Tarare doit être la pièce indiquée au catalogue Soleinne (n° 2106) sous ce titre: Lanlaire ou le chaos, parodie de Tarare, 1 a. pr. vaud. et div. par M. L. B...y de B...n. Gattières et Paris, Brunet 1787. On trouve dans Bachaumont XXXVI, p. 29 à la date du 20 septembre 1787, cette note : « Entre les critiques sur le Sallon on distinguait une facétie ayant pour titre *Saulaire* « (sic) dans laquelle Mad. Du Gazon était maltraitée avec un acharnement révoltant. La police qui l'avait autorisée est revenue sur ses pas, et, « sans doute, d'après les plaintes des protecteurs de l'actrice, a fait retirer « cette critique de chez les Marchands de nouveautés. »

(LENOIR). L'ombre de Rubens au sallon ou l'Ecole des peintres. Dialogue critique (en prose) par L. N. Athènes 1787 in 8 de 43 p.

(ROBIN). L'ami des artistes au sallon. *Sans offenser l'amitié sait instruire* par M. L'A. R. à Paris chez L'Esclapart 1787 in 8. de 44 p. Supplément de 18 p.

Promenades d'un observateur au sallon de l'année 1787. *Ut pictura poesis erit, Horat.* à Londres et à Paris 1787. 1re in 8 de 29 p.

A été attribué à Gorsas, mais la préface de la Plume du coq appelle Petit Joly, l'auteur des *Promenades*.

Tarare au sallon de Peinture prix 12 sols. à Ferrare et se trouve à Paris. 1787. 8° de 20 pages. *A la fin de la 20e page* : « Demain la seconde partie. » Seconde partie. prix 18 sols à Ferrare et se trouve à Paris. 1787. 8° de 20 pages.

Le bouquet du sallon à Emilie (en vers) s. t. ni d. in 8 de 8 p.

Doit être du même auteur que la lettre en vers à Émilie, sur le salon de 1785.

(J. B. Pujoulx). Les grandes prophéties du grand Nostradamus sur le grand salon de peinture. de l'an de grace 1787 contenant des predictions en vers et en prose sur les tableaux qui sont exposés au salon et sur les critiques qui paroitront cette année le tout dicté par Jean Lait Par. Mif. mis en ordre et en langage moderne par le mesme. Prix 1 liv. 4 sols. A Salon en Provence 1787 in 8 de 44 p.

Avec une eau-forte, signée M. le M... delin. sculp. et représentant Nostradamus dictant ses prophéties à l'auteur.

Il y a des exemplaires qui n'ont pas « prix 1 f. 4 sous » mais « 24 sols. »

(Lefebvre). Encore un coup de patte pour le dernier dialogue sur le salon en 1787. 1re partie, la seconde est sous presse 1787 in 8. Première partie pages 1-24. Seconde partie du dernier coup de patte pages 25-39.

On peut voir sur M. Lefebvre, ancien préfet, une notice de M. Voiart dans le recueil de la Société de Nancy, année 1839.

(Beffroy de Reigny). Le Cousin Jacques hors du Salon, folie sans conséquence. (en pr. et vaud.) à l'occasion des tableaux exposés au Louvre en 1787. Lunéville et a Paris chez Royez 1787 in 12 de 60 pages et 3 de table des ouvrages.

Critique des quinze critiques du salon et non point sallon comme l'ont écrit tous ces messieurs. ou notices faites pour donner une idée de ces brochures. Suivi d'un résumé des opinions les plus impartiales sur les tableaux exposés au Louvre. Prix 1 liv. 4 sols. à Rome et à Paris chez Gattelier in 8 de 68 p.

Examen des critiques qui ont été publiées sur l'exposition des tableaux au salon du Louvre en 1787 par M[r] C ***. à Londres et à Paris chez Prault. in 8 de 24 p.

Ne parle que de la critique insérée dans le *Journal de Paris* et promet d'autres lettres.

Ah! Ah ! ou relation véritable, intrigante, curieuse et remarquable de la conversation de Marie Jeanne la Bouquetière et de Jerôme le Passeur au salon du Louvre recueillie et mise au jour par M. A. B. C. D.... Y, Z, etc opticien des quinze vingts. — Nulle part et se trouve par-tout. 1787 in 8 de 19 p.

Lettre de M. De Non en réponse à une lettre d'un étranger sur le salon de 1787. in 8 de 15 p. Imp. de Didot avec approbation et permission.

Cette lettre lui avait été adressée.

(GORSAS). La plume du coq de Micille, ou aventures de Critès au Sallon, pour servir de suite aux promenades de 1785. à Londres, et se trouve à Paris chez Hardouin et Gattey. 1787. in-8°.

Introduction et première journée, pages 1-46.
Seconde journée (Mycille). Avant midi, p. 1-39.
Seconde journée (s. titre) après midi, p. 1-32.
Au bas de la seconde partie de la seconde journée, une note mte signée B. porte : « La suite sera remise gratis, aussitôt que la censure en aura autorisé « la publication. »

Décret de la cour du Parnasse, qui juge en dernier ressort toutes les critiques, toutes les observations, tous les pamphlets, toutes les brochures et toutes les rapsodies, qui ont paru en public, au sujet du salon des tableaux en 1787. in 4° de 8 pages. s. titre.

1789.

Explication des peintures, etc. Paris, de l'imprimerie des Bâtiments du Roy, etc. 1789 in 12 de 60 p. (335 numéros.)

Observations critiques sur les tableaux du sallon de l'année de 1789. IIIe suite du discours sur la peinture. Paris 1787 in 8 de 32 p.

(Le Comte de MENDE MAUPAS). Remarques sur les ouvrages exposés au salon par le C. D. M. M. de plusieurs Académies. *Seigneur si j'ai raison qu'importe qui je sois.* in 8 de 14 pages. chez Knapen fils. — Supplément aux remarques........

« Seigneur si j'ai raison, qu'importe qui je suis. »

in 8° de 4 p. chez Knapen fils.

Le Spectateur françois au sallon et projet d'encouragement patriotique pour les Arts et l'Acad. de P. De l'imp. de Monsieur. 1779 (lisez 89). in 8 de 14 pages.

Parle du salon, éclairé cette fois par en haut; parle de quelques dessins d'architecture qui sont au dehors.

Visites agréables, ou le salon vu en beau par l'auteur du Coup de Patte. in 8 de 23 p. chez Knapen et fils Imp. de la Cour des Aides.

L'Observateur au sallon de l'année 1789. n° premier : au Louvre chez Le Comte et au Palais Royal chez Denée.

La vérité sans humeur plaît toujours aux honnêtes gens.
(Prom. d'un Obs. au sal. de 1787.)

1789. in 8° de 15 pages. imp. de Seguy-Thiboust. Place Cambrai.

Je ne connais que ce numéro.

Sur l'exposition des tableaux au Sallon du Louvre. 1789. 8° de 11 p. signées Nau-Deville. Paris 25 juillet. impr. de N. H. Nyon, rue Mignon.

Entretien entre un amateur et un admirateur sur les tableaux exposés au Sallon du Louvre de l'année 1789. S. t. in 8° de 28 p.

Grande assemblée des Barbouilleurs, ou la révolution de la peinture. Dialogue en vers, traduit d'un manuscrit grec trouvé au Sallon. S. titre. 8° de 8 pages.

Les Elèves au Salon ou l'Amphigouri (pièce en pr.) à Paris Lecomte 1789. in 8. 48 p.

La République.

SEPT EXPOSITIONS.

1791 — 1799.

1791.

Ouvrages de peinture, sculpture, et architecture, gravures, dessins, modèles, exposés au Louvre par ordre de l'Assemblée Nationale, au mois de septembre 1791, l'an IIIe de la Liberté. A Paris, de l'imprimerie des bâtimems (sic) du Roi. Prix 12 sols. in 12 de 72 p. (794 numéros.)

A la fin une liste alphabétique des artistes et de leurs adresses.

Essai sur la méthode à employer pour juger les ouvrages des beaux arts du dessin, et principalement ceux qui sont exposés au Salon du Louvre. par une société d'artistes. introduction. à Paris, se vend chez Bignon, et à l'impr. du Cercle social. **1790.** in 8° de 12. p.

Lettres analitiques critiques et philosophiques sur les tableaux du Sallon. à Paris, l'an troisième de la Liberté. 1791 in 8° de 82 p.

12 lettres.

(M. Chéry peintre). Explication et critique impartiale de toutes les peintures, sculptures, gravures, dessins, etc., exposés au Louvre d'après le décret de l'Assemblée Nationale du mois de 7bre 1791 l'an IIIe de la liberté par M. D..... citoyen patriote et véridique. à Paris. 1791 45 et 24 p. in 8.

Lettre à Messieurs de l'académie de peinture, sculpture et gravure, sur l'exposition des Tableaux au Salon du Louvre, 1791. S. titre. in 8° de 8 p. signée Nau-Deville, de la section du Louvre. Paris, 4 août, 1791. à Paris, de l'imp. de N. H. Nyon.

Pithon. — Le plaisir prolongé, le retour du sallon chez soi, et celui de l'abeille dans sa ruche. Paris 1791 in 8.

La Béquille de Voltaire au Salon. première promenade contenant par ordre de num. etc....

Sifflez-moi bien, je vous le rends, mes frères.

Volt.

à Paris, l'an troisième de la liberté. 8° de IV. p. non chiff. et 60 p. — Seconde et dernière promenade contenant — etc... *Castigat ridendo.* à Paris, l'an troisième de la liberté. in 8° de IV p. non chiff. et 44 p.

1793.

Description des ouvrages de peinture, sculpture, architecture et gravure, exposés au Sallon du Louvre, par les Artistes composans la Commune-générale des Arts, le **10** Août 1793, l'an 2e de la République Française une et indivisible. Prix : 20 sols. A Paris, de l'imprimerie de la veuve Herissant, rue de la Parcheminerie, n° 3. 96 pages avec la table des adresses. 628 nos de peinture. 182 de sculpture, 21 d'architecture.

Il y faut joindre un supplément : Prix 5 sols, et daté du 25 août 1793, qui mène les numéros de 629 à 737.

Explication par ordre de numéros et jugement motivé des ouvrages de peinture sculpture architecture et gravure, exposés au Palais National des Arts, précédé d'une introduction.... Prix 15 sols. à Paris, de l'imprimerie de H. J. Jansen, etc. 49 p. in 12.

Est la suite de numéros avec quelques remarques à la fin : « La suite des « numéros qui manquent est sous presse. » S'arrête à 94.

1795.

Explication des ouvrages de peinture, sculpture, architecture, gravures, dessins, modèles, etc. exposés dans le grand sallon du Museum au Louvre, par les Artistes de la France, sur l'invitation de la commission exécutive de l'instruction publique, au Mois Vendemiaire, An quatrième de la République Française. Prix : 5 livres. A Paris, de l'imprimerie de la Veuve Hérissant, rue de la Parcheminerie, n° 3. in 8 de 96 p.

Les numéros demandent une explication particulière. A chaque série était affectée une série de 1000 numéros. Mais la peinture ne va que de 1 à 535, la sculpture de 1,001 à 1,089, l'architecture de 2,001 à 2,063, la gravure de 3,001 à 3,048.

Examen critique et concis des plus beaux ouvrages exposés au salon du Louvre de cette année 1795. *Ludere non lœdere.* à Paris l'an quatrième. in 8 de 8 p.

1796.

Explication des ouvrages de peinture, sculpture, architecture, gravures, dessins, modèles, etc. Exposés dans le grand salon du Musée central des Arts, Sur l'invitation du Ministre de l'intérieur, au mois de Vendémiaire, an cinquième de la République française. A Paris, de l'imprimerie des Sciences et Arts, rue Thérèse, près la rue Helvétius. An 5 de la République, in 12 de 120 p. (871 numéros.)

Les Rapsodistes au salon ou les tableaux en vaudevilles, par Villiers et Capelle. — N° 1. in 8° de 8 pages. — N° 2. in 8° de 8 pages. — N° 3. in 8° de 8 pages. Paris, de l'Imprimerie des frères Rapsodistes.

Aux n°s 2 et 3, le titre porte : Critique du salon, ou les tableaux en vaudeville. Villiers et Capelle publiaient alors les *Rapsodies du jour.*

Les Etrivières de Juvénal, ou satire sur les tableaux exposés au Louvre l'an V, dialogue en vers libres. Marchands de Nouveautés 1796.

1797.

Explication des ouvrages de peinture et dessins, sculpture, architecture et gravure, exposés au Muséum central des Arts, d'après l'arrêté du Ministre de l'Intérieur, le 1er Thermidor, an VI de la République Française. Le prix de ce livret est de 75 centimes. A Paris, de l'imprimerie des sciences et arts, rue Thérèse, près la rue Helvétius. An VI de la République. in 12 de 100 p. (191 numéros.)

P. Ch....... (CHAUSSARD). Examen des tableaux du salon de l'an VI. Dans *la Décade philosophique.*

Tome IV, p. 274-82, 335-47, 410-8, 465-75, 535-42.

1798.

Explication des ouvrages de peinture et dessins, sculpture, architecture et gravure des artistes vivants, exposés au Muséum central des Arts, d'après l'arrêté du Ministre de l'Intérieur, le 1er Fructidor, an VII de la République française. Le prix de ce livret est de 75 centimes. A Paris, de l'Imprimerie des Sciences et Arts, rue et butte des Moulins, n° 500. An VII de la République. in 12 de 95 p. (736 numéros.)

P. CHAUSSARD, dans *la Décade philosophique.*

Tome VIII, p. 543-52. et tome IX, p. 36-43, 94-102, 212-228.

1799.

Explication des ouvrages etc. exposés... le 15 Fructidor an VII de la République française, etc. an VII de la République. in 12 de 96 p. (1001 numéros.)

Le Consulat et l'Empire.

HUIT EXPOSITIONS.

1800 — 1812.

1800.

Explication des ouvrages de peinture et dessins, etc. exposés au Muséum central des arts, d'après l'arrêté du Ministre de l'intérieur, le 15 fructidor an VIII de la République française. etc. in 12 de 90 pages. (651 numéros.)

(ESMÉNARD). Sur le salon de l'an VIII. 30 p. in 8.

L'avis de l'éditeur les indique comme ayant été publiées dans le *Mercure de France*, et comme l'œuvre d'un jeune poëte des plus distingués. « Le « citoyen Esménard, à qui l'analyse que nous publions est attribuée, a « égalé Diderot. »

LANDON (Ch. Paul). Explication des ouvrages du salon de l'an VIII. in 12.

Le verre cassé de Boilly et les routiers en déroute ou nouvelle critique des objets de peinture et sculpture exposés au salon en prose, en vaudeville et en vers. Paris exposition de l'an IX. 1800. in 8.

(F. F.). Observations critiques sur quelques uns des tableaux les plus remarquables de l'Exposition par ordre de numéros. Paris Aubry S. D. in 8.

Ces initiales sont données d'après la signature autographe d'un exemplaire envoyé. On les retrouve à une critique du salon de 1812. (Voy. p. 59.)

Gilles et Arlequin au Museum. a Paris de l'imp. de Jusseraud. in 8 de 15 p. Nos 1 et 2. fig. gravées.

Jocrisse au Museum des Arts ou critique folie en prose et en vaudeville des peintures, etc. à Paris à l'OEil parfait, de l'imprim. de Gouache. Exposition de l'an VIII. 16 p. in 12.

1801.

Explication des ouvrages de peinture et dessins, etc. exposés au Muséum central des arts, d'après l'arrêté du Ministre de l'intérieur, le 15 fructidor, etc. a Paris de l'imprimerie des sciences et arts rue Ventadour nº 474.

An IX de la République. in 12 de 92 pages. (720 numéros.)

Landon (Ch. Paul). Examen des ouvrages du salon de l'an IX. in-8.

En dehors de ses traits qui n'ont commencé que pour le salon de 1808.

Les tableaux du Muséum en Vaudevilles, ouvrage dedié à M. Frivole par le C. Guipava. à Paris de l'imp. de Brasseur. an IX. in 18. de 124 p.

Rubens au Muséum, critique des tableaux du salon en vaudevilles. Augustin 1801 in 12.

1802.

Explication des ouvrages de peinture, etc. exposés au Muséum central des arts, d'après l'arrêté du Ministre de l'intérieur le 15 fructidor, an X de la République française, etc. in 12 de 104 pages. (854 numéros.)

Revue du salon de l'an X, ou examen critique de tous les tableaux qui ont été exposés au Muséum.

On voit tant de portraits blafards.
Qu'en s'en allant chacun s'écrie :
Ce n'est plus le salon des arts,
C'est un salon de compagnie.

A Paris, chez Surosne. an X, 1802. in 18 de XII et 203 pages, avec une gravure satyrique représ. la Peinture moderne.

1804.

Explication des ouvrages de peinture, sculpture, architecture et gravure des Artistes vivants, Exposés au Musée Napoléon le 1er jour Complémentaire, an XII de la République française. A Paris, de l'Imprimerie des Sciences et Arts, rue Ventadour, N° 474. An XII de la République. In 12 de 119 pages. (930 numéros.)

Lettres impartiales sur les expositions de l'an XIII. par un amateur. Paris Dentu an XIII (1804).

N° 1. .... N° 2. lettres IX-XVI — 32 pages. N° 3. XVII-XXIII — 32 pages. N° 4. XXIV-XXX — 36 pages. N° 5. XXXI-XLIII — 70 pages.

Critique raisonnée des tableaux du salon. Dialogue

entre Pasquino voyageur Romain et Scapin disposé selon l'ordre du lieu de l'exposition avec le catalogue de **129** auteurs cités. Paris De Bray an XIII. (1804.) in 12. de VIII et 100 pages.

Arlequin au Muséum, ou critique des tableaux en vaudevilles. Exposition de l'an 12. N° 1er.

Il n'y a que la médiocrité qui redoute la critique.

A Paris, de l'imp. de Ch. Fr. Cramer an XII, 1804, in 12 de 24. pages. — N° II. in 18 de 24 pages. à la fin : « La suite au numéro prochain. »

Fanchon au Muséum.

Indiquée dans le second numéro de l'*Arlequin*.

1806.

Explication des ouvrages de peinture, sculpture, architecture et gravure, des Artistes vivants, Exposés au Musée Napoléon le 15 septembre 1806. Prix, 75 centimes. Paris, Imprimerie des sciences et des arts, rue Ventadour, n° 5. 1806. in 12 de 128 pages. (705 numéros.)

(Chaussard). Le Pausanias français. ou description du salon en 1806. Etat des arts du dessin en France à l'ouverture du 19e siècle, salon de 1806. 1 fort vol. in 8 de 534 pages avec vingt huit gravures et portraits. (1806.)

On a réimprimé le titre avec 2e édition.

Dandrée (Eugène). Lettres sur le salon de 1806 à M. Denon ; en cinq lettres paginées séparement. in 8.

Feuilleton du *Publiciste* d'octobre.

Critiqué dans les notes de la *Critique des critiques*.

Salon de l'année 1806. Peinture. (Extrait de la *Revue philosophique littéraire et politique*. in 8 de 83 p.)

Signé Fab. *** (Fabien Pillet).

Lettres impartiales sur les expositions de l'an 1806, par un amateur. Paris, chez M. Aubry, et chez Petit. in 8° de 32 pages.

La critique des critiques du salon de 1806 Etrennes aux connaisseurs *Ne sutor ultra crepidam* (en vers avec des notes). Paris chez Firmin Didot. Janvier 1807. in 8 de 42 p.

Elle est de Girodet-Trioson et n'est pas comprise dans le recueil de ses œuvres ; on fit alors de lui une caricature avec une tête d'âne.

La lorgnette du salon de 1806 par un amateur.—Premier coup de lorgnette. in 8. de 8 p. — Second coup de la lorgnette du salon. in 8 de 8 p. de l'imp. de Lefebvre.

Les flaneurs au salon ou M. Bonhomme; examen joyeux des tableaux mêlé de vaudevilles. à Paris chez M. Aubry, etc. S. D. in 8 de 32 p.

L'observateur au musée Napoléon, ou la Critique des tableaux en vaudeville. *Les artistes sont des astres qu'on n'observe qu'en les admirant.* de l'impr. de Mme Labarre. 1806. in 18 de 36 p.

1808.

Explication des ouvrages de peinture, etc. exposés au Musée Napoléon le 14 octobre 1808. Second anniversaire de la bataille d'Iéna. Prix, 75 centimes. Paris, Dubroy imprimeur du Musée Napoléon rue Vendadour, n° 5. 1808. In 12 de 120 pages. (834 numéros.)

Eugène Dandrée. Lettres sur le salon de 1808. à M. Denon. Paris 1808 in 8. de 24 p. impr. des frères Mame.

Examen critique et raisonné des tableaux des peintres vivans, formant l'exposition de 1808. à Paris chez Mme Ve Jacquart 1808. in 12 de 83 p. Imp. de Fain.

Observations sur le Salon de l'an 1808. N° 1er. Tableaux d'histoire. A Paris, Ve Gueffier. 1808. in 12 de 48 p.

L'ombre du peintre Lebrun au salon de 1808, par Madame Azaïs.

Pour juger dans ces lieux, il suffit qu'on admire.

A Paris, impr. de Leblanc, 1808. in 8° de 7 p. (en vers).

Darragon. Le Dire poétique au salon, ou sentiment sur le tableau représentant S. A. S. le Prince Archichancelier de l'empire, et Duc de Parme occupé du code Napoléon, par F. L. Darragon. Paris, ce 18 oct. 1808. imp. d'Ogier. 8° de 4 p.

L'observateur au Muséum. à Paris de l'imprimerie de Gauthier rue Jean-Lantier N° 2. 1808. in 12 de 24 p. (Le 1er numéro est en vaudevilles.)—Deuxième numéro. L'observateur au Muséum in 8. 8 pages (en prose).

Revue des tableaux du Muséum par M. et Mme Denis et Benjamin leur fils. à Paris de l'Imprimerie de Gauthier, rue Jean-Lantier. N° 2. 1808. 12 p. in 12.

Arlequin au Muséum, ou critique en vaudeville des Tableaux du Salon. Douzième année. Imp. de Brasseur à Paris 1808.

N° 1, 12 p. — N° 2, 12 p. — N° 3, 24 p.

Première journée de Cadet Buteux au salon de 1808. in 8 de 8 pages.

1810.

Explication des ouvrages de peinture, etc, exposés au Musée Napoléon le 5 Novembre 1810. Prix, un franc. Paris, Dubray. 1810 in 12 de 138 pages. (1210 numéros.)

L'observateur au Museum, ou revue critique, etc... en l'an 1810. par A*** éditeur. Paris, chez Aubry impr. in 18 de 35 p. et 1 gr. sur bois.

Guizot. De l'état des beaux Arts en France et du salon de 1810 par Fr. Guizot *Pictura ars nobilis, cum expetitur a regibus populisque. Plin. lib. XXXV. c. I.* à Paris chez Maradan 1810. in 8. 132 p. Impr. de Ph. Hardy.

Ce livre de M. Guizot, qui est toujours resté depuis en lumière à cause du grand nom de son auteur, vient d'être réimprimé par lui dans un volume qu'il a intitulé *Etudes sur les beaux-arts* (Paris, Didier, 1852, in-8°). Plusieurs études ont été faites sur ce livre de M. Guizot. Du temps où il a paru j'indiquerai dans le *Mercure*, t. XLVI (n° de juillet 1811, p. 111-8) un article signé D. initiale habituelle de Dussault, et de nos jours un article de M. Clément de Ris dans l'*Artiste*, un autre article de celui même qui écrit ces lignes aussi publié dans l'*Artiste* (n° du 1er janvier 1852), et tiré à part (Paris, Dumoulin, 1852, in-8° de 21 p.), et enfin les récentes pages de M. Gustave Planche, dans son article sur M. Guizot historien (*Revue des Deux Mondes* du 15 mars 1852).

Victorin FABRE dans le *Mercure* in 8. Tom. 45. p. 265.

(GUEFFIER). Entretiens sur les ouvrages de peinture, sculpture et gravure exposés au Musée Napoléon en 1810, etc. à Paris. 1811. in 12 de 179 p. impr. de C. F. Patris.

Sentiment impartial sur le salon de 1810. premier numéro contenant la critique raisonnée des tableaux de MM. David, Girodet, etc. à Paris, chez Martinet, Janet et Cotelle, impr. de Chaignieau aîné. 1810. in 8° de 16 p.

Lettres impartiales sur les expositions de l'an 1810, par un amateur. Paris, chez Pierre Blanchard. 1810. in 8° de 32 p. imp. d'A. Béraud. La Couv. porte : Numéro 1er.

Revue des tableaux. Numéro 1. s. t. in 8° de 8 p. se vend chez Maudet. (En prose.)

Revue des tableaux en vaudeville. N° 1er. s. titre. 1810. Paris, imp. de Maudet. in 8° de 8. p.

Les artistes traités de la bonne manière, ou l'ami des peintres vivans. s. titre. in 12 de 12 p. chez Maudet. La suite au n° prochain. N° 2. in 12 de 12 p. signé B***.

Le furet au Musée Napoléon. S. t. in 8° de 8 p. impr. de Maudet.

Cassandre et Gilles au Muséum ou critiques en vaudevilles de l'exposition de 1810. in 18 de 34 p. impr. d'Aubry.

Le palais royal, ou coup-d'œil sur le temps présent, par feu Mirabeau premier cahier visite de Mirabeau au salon de peinture de 1810. Paris, chez Janet et Cotelle. 1811, in 12 de 48 p. impr. de Richomme.

1812.

Explication des ouvrages de peinture sculpture et architecture des artistes vivants exposés au Musée Napoléon le 1er novembre 1812. Prix un franc. Paris. Dubray. 1812 in 12 de 140 pages (1353 numéros) tiré à 20,000.

L'observateur au Muséum. S. titre. in 12 de 24 p. impr. de L. P. Setier fils. Prix 30 c. (tiré à 6,000).

Revue des tableaux par M***. In 12 de 12 p. tiré à 2,500. Impr. de Renaudière.

La Vérité au salon de 1812 ou critique impartiale des tableaux et sculptures par une Société d'Artistes. in 12 de 45 pages; tiré à 1000. Impr. de Dehansy. 1812. Paris, chez Chassaignan.

Observations critiques sur quelques uns des tableaux les plus remarquables de l'Exposition. Par ordre de numéros. 1812. par F. F. chez Aubry libraire, au Palais de Justice salle Neuve. in 12 de 24 p.

C. P. LANDON. Recueil de pièces choisies parmi les ouvrages de peinture et de sculpture exposés au Louvre et autres productions nouvelles avec l'explication des sujets et un examen général du salon. T. I, in 8,10 f. et 72 pl. (les grandes comptées pour deux) tiré à 1500. T. II, 16 f. et 72 pl.

R. J. DURDENT. Galerie des peintres français du salon de 1812 ou coup d'œil critique sur leurs principaux tableaux et sur les différents ouvrages de sculpture, architecture et gravure. 1813 in 8° de 91 pages. (500 ex.) Impr. de Porthmann. à Paris au bureau du journal des Arts rue des Moulins N° 21 et chez Eymery.

DELPECH (François Séraphin). Articles sur le salon dans le *Mercure* de cette année.

LEBLANC. Le noir et le blanc, ou une promenade au salon de peinture par M. N. V. S. S. Leblanc amateur in 8 de 52 pages. tiré à 500. Imp. de Hocquet.

Critique de la critique du salon rédigée par M. M. B. (Boutard) au Journal de l'Empire. 1813. in 8 d'un quart de feuille. Imp. de L. Housmann.

Francis EDMOND. Les Etrennes ou entretiens des morts sur les nouveautés, etc. et sur le salon. Paris 1813. in 8.

Le Vengeur, ou la boussole. Paris, J. G. Dentu, imp. 1812. in 8° de 24 f.

Gaspard l'Avisé au salon de 1812. in 12 de 12 pages et 1 gr. sur bois. Imp. de Debansy.

Louis XVIII.

QUATRE EXPOSITIONS.

1814 — 1822.

1814.

Explication des ouvrages de peinture, sculpture, architecture et gravure des artistes vivants, exposés au Musée Royal des Arts le 1er Novembre 1814. Prix, un franc. Paris. Dubray, in 12 de 140 pages (1442 numéros).

L'observateur au Muséum ou critique raisonnée et impartiale des objets de peinture et de sc. qui le composent. in 12 de 12 p. et 1 grav. sur bois. Impr. de Herhan.

Revue des tableaux par Mlle E... d. S.t. In 12 de 12 p. Impr. de A. Egron.

LANDON. In 8. 72 pages en 3 livraisons avec planches.

DELPECH (François Séraphin). Examen raisonné des ouvrages de peinture sculpture et gravure exposés au salon du Louvre en 1814. Paris. Martinet, 1814 et 1815 1 vol. in 8 (en onze livraisons).

La dixième livraison va jusqu'à 238 p.

R. J. DURDENT. L'Ecole française en 1814 ou examen des ouvrages exposés au salon du Musée Royal des Arts. in 8 de 130 pages et 1 table. Paris, chez Martinet. 1814. impr. de Feugueray.

Lettres impartiales sur l'exposition des tableaux par un Amateur.

No 1er. Prix 60 cent. in-8o de 16 p., impr. de J. B. Imbert, chez Eymery; ont paru ou devaient paraître tous les lundis.

Dialogue raisonné entre un Anglais et un Français ou revue des peintures sculptures etgravures exposées dans le Musée Royal de France le 5 Novembre 1814. in 8 de 40 pages. impr. de Fain. chez Delaunay.

C'est le 1er numéro. Il en devait paraître un 2e le 1er octobre, un 3e le 10 et un 4e le 20.

Arlequin Polyphême jettant la pierre aux Artistes, critique en vaudeville des tableaux exposés au salon de 1814. chez Stahl. N° 1er in 12 de 25 p. et 1 grav. impr. de Herhan.

1817.

Explication des ouvrages de peinture, etc. exposés au Musée Royal des Arts le 24 avril 1817. Paris, imprimerie de Madame Hérissant Le Doux, imprimeur ordinaire du roi et des Musées Royaux, rue Saint-Marc, n° 24. 1817. in 12 de 120 pages (1064 nos).

EMERIC DAVID dans le *Moniteur*.

12 articles. On en connaît quelques exemplaires en épreuves.

Nous sommes heureux d'annoncer que M. Paul Lacroix va bientôt publier ce salon et celui de 1819 avec d'autres œuvres, mais celles-là encore inedites, du savant auteur de l'*Histoire de la peinture*. Nous aurons ainsi son *Eloge de Pujet*, et surtout l'*Histoire de la sculpture en France*, dont la partie publiée dans la *Revue française*, et déjà si importante, n'était qu'un chapitre.

C. P. LANDON. Un volume de traits. 6 livraisons.

GAULT DE SAINT-GERMAIN. Choix des productions de l'art les plus remarquables exposées dans le salon de 1817. Paris. Didot. 1817. in 8 de 32 pages.

(MIEL). Essai sur le salon de 1817 ou examen critique des principaux ouvrages dont l'exposition se compose accompagné de (38) gravures au trait par M. M***. Paris chez Delaunay et Pelicier. 1817. in 8 de 500 pages.

H. DE LATOUCHE. Dans le *Constitutionnel*.

Une allégorie plus que détournée au roi de Rome, à propos d'un dessin d'Isabey, fit suspendre le journal. (Sainte-Beuve sur De Latouche, lundi 17 mars 1851.)

Journal de Paris.

L'amateur au salon par M. H. O***. in 8° de IV, 5 — 70 pages. Impr. de Chaigneau.

Réflexions sur les paysages exposés au salon de 1817. par M. A. D. Avril 1817. in 8° de 16 p. 2e revue. Juin 1817. in 8° de 16 p. Prix 30 c. 3e revue. Juillet 1817. in 8° de 16 p. Prix 30 c. à Paris, chez Delaunay. l'auteur, rue Poupée, n° 11. Impr. de P. N. Rougeron.

Un tour au salon ou Revue critique des tableaux de 1817.. par Sans Gêne et Cadet Buteux. *Oui, noir; mais pas si diable.* in 12 de 78 p. Paris, mai 1817. Imp. de Le Normant. Dialogue mêlé de vaudevilles.

M. Rococo ou le nouveau salon d'exposition in 8 de 16 pages. Imp. de P. N. Rougeron......*ridendo dicere verum quid vetat.* Paris, chez Delaunay, juillet 1817. Prix 30 c.

Mémoire en faveur des artistes dont le jury des arts n'a pas admis les ouvrages présentés au salon d'exposition en 1817 par M. A. D. *Lecteur impartial, lisez et jugez.* Paris, chez Delaunay. Avril 1817. in 8° de 16 p. Impr. de P. N. Rougeron.

Notice historique sur le tableau représentant l'entrée de Henri IV dans Paris, par M. Gérard. avec gravure. Paris, chez Delaunay. 1817 in 8° de 7 pages. Impr. de Fain.

1819.

Explication des ouvrages, etc. exposés au Musée Royal des Arts le 25 août 1819. Prix : 1 franc. Paris. C. Ballard, imprimeur du roi, rue J.-J. Rousseau, n° 8. 1819. in 12 de 180 pages. (1702 numéros.)

C. P. LANDON. Deux volumes avec 144 traits.

KÉRATRY. Annuaire de l'Ecole française de peinture ou Lettres sur le salon de 1819, orné de 5 estampes en taille douce, gravées par M. M. Massard et A. Leclerc. Paris, chez Maradan, 1820, in 12 de X et 276 p.

P. M. GAULT DE SAINT-GERMAIN. Choix des productions de l'art les plus remarquables exposées dans le salon de 1819. in 12. 3 part. en 1 vol. Paris, l'auteur.

Lettres à David sur le salon de 1819 par quelques élèves de son école. 20 liv. in 8 et 20 traits. 8°-256 pag. impr. de Pillet aîné. (Par H. de Latouche en collaboration avec Emile Deschamps. Sainte-Beuve; article sur de Latouche. Lundi 17 mars 1851.)

EMERIC DAVID. 9 articles dans le *Moniteur*.

Voir la note de son premier salon en 1817.

Gustave JAL. L'ombre de Diderot et le bossu du Marais dialogue critique. chez Corréard. in 8° de 240 p.

Les pages 235-240 sont chiffrées 135-140.

Nouveau coup d'œil au salon, critique en vaudevilles de la gravure en taille douce par ***. in 12 de 24 pages. Imp. de Renaudière.

L'observateur au salon. critique des tableaux en vaudeville. fig. 2 numéros 24 p. Imp. de Renaudière.

Arlequin de retour du Muséum ou les tableaux en vaudeville in 8. N° I. 1 f. 24 p. N° II. 1 f. III 1 f. Imp. de Brasseur aîné.

Notice sur la statue de Henri IV. exposée dans la cour du Louvre. Salon de 1819. 8° de 7 p. impr. de J.-M. Eberhart.

Description du Tableau de Pygmalion et Galathée, exposé au salon par M. Girodet. Paris, 1819. 8° de 8 pages. impr. de Renaudière. — Signé P. C.

Examen critique et impartial du tableau de M. Girodet (Pygmalion et Galathée) ou lettre d'un amateur à un journaliste. Paris, chez A. Boucher, impr. 1819. in 8° de 23 p.

Notice sur la Galathée de M. Girodet-Trioson, avec la gravure au trait. Paris, de l'imp. de Pillet aîné. 1819. in 8° de 8 p.

1822.

Explication, etc. exposés au Musée Royal des Arts le 24 avril 1822, etc. Paris. Ballard in 12 de 198 pages. (1802 numéros.)

C. P. LANDON. 2. vol. in 8 en 12 livraisons avec planches.

THIERS. Salon de 1822. ou collection des articles insérés au *Constitutionnel* sur l'exposition de cette année par M. A. Thiers. orné de cinq lithographies. un vol. in 8. de 10 f.

Annales françaises. Tome X. pages 49-60.

L'observateur et Arlequin au salon. Critique des tableaux en vaudeville. in 12 de 12 pages. Imp. de Herhan. — Deuxième partie, deuxième visite. Idem p. 13 à 42.

Nicaise observateur au salon. Dialogue mêlé de couplets. N° 1er in 12 de 12 p. et 1 gr. sur bois. Imp. de Hardy.

GUILLOT. Lettre à MM. les membres du Jury sur la statue d'un grenadier de l'ancienne armée; rejetée du salon de 1822. S. titre. in 8° de 8 pages. de l'impr. de Guiraudet. Signé Guillot.

Notice sur le tableau représentant Alexandre domptant Bucéphale, exposé aujourd'hui au Musée de Toulouse, et qui a fait partie du salon de Paris, de 1822, sous le n° 27. Prix : 50 cent. au bénéfice des Grecs et des incendiés de Salins. Toulouse, impr. de Caunes. 1825. 8° de 11 pages.

Charles X.

DEUX EXPOSITIONS.

1824 — 1827.

1824.

Explication des ouvrages, etc. exposés au Musée Royal des Arts le 25 août 1824. Prix : 1 fr. 25. Paris, C. Ballard. 1824. in 12 de 258 pages (2371 nos).

L'exposition fut fermée le 14 janvier. On peut voir sur la visite du roi un article du *Constitutionnel* du 15 janvier 1825.

C. P. LANDON. Deux tomes avec traits.

(THIERS). Dans le *Constitutionnel;* nos des 25, 30 août, 2, 7, 13, 15, 18, 21, 23 septembre, 19 octobre et 1er décembre.

Ces articles ne sont pas signés. En même temps, M. Thiers écrivait un autre salon, celui du *Globe*, qui commençait à paraître et ne suivait pas précisément la même ligne que le *Constitutionnel*. M. Thiers n'avouait que les articles de celui-ci; ce qui me permet de lui donner ceux du *Globe*, c'est que ce fait, jusqu'ici peu connu, m'est affirmé par un de ceux qui étaient alors à la tête de la rédaction de ce journal.

L'Artiste et le philosophe, entretiens critiques. in 8 de 473 p. avec lithographies.

CHAUVIN. Salon de mil huit cent vingt quatre. à Paris, chez Pillet aîné, impr. 1825. in 8° de VI et 315 pages, plus 7 lith. au trait.

Un mot sur le tableau d'Iphigénie, refusé par le Jury de peinture, au salon de 1824. par I. P. Du Pavillon. Paris. 1824. 8° de 14 p. impr. de J. Mac Carthy.

Revue critique des productions exposées au salon de 1824. Par M***. Paris, chez Dentu, 1825. 8° de XXII et 392 pages.

Revue des ouvrages de peinture, sculpture, etc. des artistes vivants. Paris. Pillet. 1825. in 8.

(FABIEN PILLET). Une matinée au salon, ou les peintres de l'école passés en revue critique des tableaux et sculptures de l'exposition de 1824 par N. B. F. P. n° 5. Delaunay 1824 in 8 de 80 pages.

Le *Constitutionnel* du 27 septembre 1824 contient un article sur ce livre.

FERDINAND FLOCON ET MARIE AYCARD. Salon de 1824. 1re livraison. Paris, A. Leroux. 1824. 8° de 32 p.—2e livraison. Pages 33-64. et 2 lith. au trait. impr. de Carpentier-Méricourt; annoncé comme devant former un fort volume. 2 fr. la livraison.

Revue des productions les plus remarquables de nos beaux-arts, exposées au salon du Louvre, en 1824, par une société de gens de lettres et d'artistes. Paris. impr. de Sétier, 1824 in 8° de 40 pages. 1re livraison.

Annoncé comme devant former un volume de 480 à 500 pages, au prix de 9 francs.

(P. A. V.). Salon de mil huit cent vingt quatre. Revue, etc. Extrait du *Journal des Maires*. Paris de l'imp. de Pillet aîné. Février 1825. in 8 de 26 p.

Explication des détails historiques contenus dans les trois tableaux de Batailles de M. le Général Baron Lejeune, exposés cette année au salon du Musée royal des arts sous les Nos 1119, 1120 et 1121. Prix 50 c. au profit des pauvres. Paris, chez Dauvin, 1824. in 12 de 19 p. impr. de C. Ballard.

1827.

Explication des ouvrages de peinture, etc., exposés au Musée Royal des Arts le 4 Novembre 1827. Prix : 1 franc. Paris, Mme Ve Ballard. 1827 in 8 de 264 pages. (1834 numéros.)

Compris trois suppléments. A partir de ce moment, le prix du livret reste réduit à 1 franc.

Visite au Musée du Louvre ou Guide de l'amateur à l'exposition, etc. par une société de gens de lettres et d'artistes ; faux titre, titre, avant-propos et pages 109-351 in 18 de 7 f. imp. de Marchand Dubreuil, et pages 1-108. imp. Setier. à Paris chez Levis, rue du Coq et portail du Louvre. Prix 3 fr. — Supplément. in 18. 1/2 f. Imp. de Marchand Dubreuil.

La suite des salons de Landon; texte par A. Béraud. — publié par L. C. Soyer et Frémy. 6 livraisons.

A. Jal. Esquisses, croquis, pochades ou tout ce qu'on voudra sur le salon de 1827 avec des dessins lithographiés. Paris. Dupont. in 8° de VIII et 550 pages. 7 lithogr. plus 1 caricature d'H. Monnier.

Il y faut joindre un prospectus de 4 pages.

(Ary Scheffer). Dans la *Revue française* (N° 1. Janvier 1828 p. 188-212).

Examen du salon. Crapelet. Novembre, 1re partie 1827 in 8 de 52 p. Nov. et Décembre. 2e partie 1828 in 8 de 64 p.

Louis-Philippe.

SEIZE EXPOSITIONS.

1831 — 1847.

1831.

Explication des ouvrages, etc. exposés au Musée Royal le 1er Mai 1831. Paris, Vinchon, in 12 de 3182 numéros et 278 pages.

Pour être complet, ce livret a besoin de six suppléments, dont les derniers sont loin de se trouver à tous les exemplaires.

L'observateur au salon de 1831. In 12. 1/2 f. imp. de de Le Normant. (Trois éditions.)

Gustave PLANCHE. Salon de 1831. Paris, imp. de Pinard. 1831. in 8° de 304 p. plus 8 grav. sur bois.

Charles LE NORMANT. Ses articles sur ce salon et le suivant ont été réunis en 2 vol. in 8. sous ce titre : les *Artistes Contemporains*; *Salons de* 1831 *et* 1833. Paris Alexandre Mesnier 1833.

Le tome 1er, in-8° de VIII et 264 pages, plus un cahier de 8 grav. et 2 lith. In-4°.

D. (DELÉCLUZE). *Journal des Débats* 1, 4, 7, 9, 12, 14, 17, 23, 26 Mai; 17, 23 Juin; 2, 12, 17 Juillet.

L. P. (Louis PEISSE). Le *National* 4, 8, 12, 17, 23, 31 Mai; 18 Juin; 4, 21 Juillet.

A. JAL. Ebauches critiques. in 8 de 20 ff. Denain.

M. Crouton au salon de 1831 in 8 d'une 1/2 f. Paris. Maldan. (Dialogue en prose.)

Mayeux et Arlequin aux salons. Critique des tableaux en vaudeville. in 12. 1/2 f. Imp. de Le Normant. (En prose, mêlée de trois couplets, on promet une suite.)

M. Mayeux au Muséum. in 12 d'une 1/2 f. Imp. de Chassaignon.

1833.

Explication des ouvrages, etc. exposés au Musée Royal le 1er mars 1833. Paris, Vinchon, in 12 de 3318 numéros et 262 pages.

Il est fréquent de trouver ce livret sans le supplément qui commence au n° 2,925 et à la page 225.

L'observateur au salon. in 12 d'une demi-feuille. 2e édition revue et augmenté de nouveaux tableaux. 12 p. Imp. de Le Normant.

Les tableaux indiqués sont ici rangés par ordre de salles.

Gustave PLANCHE. Dans la *Revue des Deux Mondes* 1er et 15 Mars, 1er et 15 avril.

Ch. LE NORMANT. Voyez au salon de 1831.

G. LAVIRON et B. GALBACCIO. Le salon de 1833 orné

de 12 vignettes à l'eau forte par A. et T. Johannot, Gigoux, etc. in 8 de 399 p. Abel Ledoux. Impr. de Everat.

A. JAL. Les Causeries au Louvre. Paris, chez Gosselin, 1833. in 8° de 472 p. impr. de Félix Locquin.

N..... (NISARD ?) Le *National* 9, 14, 18, 22, 25 Mars; 1, 5, 7, 14, 21, 25, 28 Avril; 2 Mai.

Jules JANIN. *Journal des Enfants.* 1re année, n° 257.

A. C. (Athanase COQUEREL). Dans *le Protestant*, 2e année, n° 25, 1er avril.

Alfred ANNET et Henri TRIANON. Examen critique du salon de 1833. Paris, chez Delaunay, 1833. in 8° de VIII et 177 p. plus un errata. Impr. de A. Belin.

Il avait auparavant paru un prospectus in-8° d'un quart de feuille.

Prométhéides, revue du salon de 1833; par MM. F... et F. Chatelain. Paris Truchy 1833 in 8 de 180 p. avec dessins lithographiés.

1re livr. 24 fév. 1833. Les Entraves, in-8° de 18 p. en vers.
2e — mars 1833. Puissance des arts. p. 23-40, en vers.
3e — mars 1833. L'Institut, p. 43-62, en vers.
4e — mars 1833. Contrastes, p. 61-81, en vers.
5e — avril 1833. Ecole de Rome, p. 83-100, en vers.
6e — avril 1833. Les Singes, p. 101-118, en vers.
— — mai 1833. Introduction, p. I-XXXIII, en prose. Il a paru en outre : *Prométhéides*, Revue du salon de 1833. Peinture par MM. F. Chatelain et F***, in-8°, pages 121-160; avec 4 lithographies.

GABRIEL (et THÉAULON). Les galettes du jour, a prop. vaud. en 3230 et quelques tableaux y compris le supplément. in 8. Barba 1833. représenté au théâtre du Palais Royal le 30 Mars.

1834.

Explication des ouvrages, etc. exposés au Musée Royal le 1er Mars 1834. Paris, Vinchon, in 12 de 2314 numéros et 216 pages.

Il faut trouver en tête de ce livret XXII pages avec le simple titre de *Musée royal;* elles indiquent les plafonds faits au Louvre dans les salles du bord de l'eau et dans le Musée Charles X.

L'indicateur du Musée en 1834 contenant la nomenclature des tableaux désignés par numéros et par salons. in 12 de 12 p. Imp. de Mme Delacombe.

L'observateur au salon de 1834 contenant l'indication des ouvrages les plus remarquables exposés au Louvre. Divisé par salles et numéros. In 12 de 12 p. Imp. de Chassaignon.

L'observateur aux salons de 1834. In 12 de 12 pages. Imp. de Le Normant.

Le Nouvel observateur des salons. Revue du salon de 1834. In 12 de 12 pages. Imp. d'Herhan.

G. PLANCHE. *Revue des Deux Mondes*. 1er Avril.

Le Musée. Revue du Salon par Alexandre D...... (DECAMPS ?) in 4. en treize livraisons. avec planches. Imp. d'Everat.

GABRIEL LAVIRON. Le salon de 1834 orné de treize lithographies. Louis Janet. un in 8 de 398 p.

L. P. (LOUIS PEISSE). Le *National* 2, 3, 7, 11, 17, 24 Mars ; 23 Avril ; 3 Mai.

W. *Le Libre examen*, IVe année, n°s 10 et 12,— 6 et 20 mars.

HILAIRE L. SAZERAC. Lettres sur le salon de 1834 avec cette épigraphe : La vérité avant tout. A Paris chez Delaunay libraire 1834 in 8 de 500 p. et 6 de table avec 7 lithographies. En avant du titre imprimé il s'en trouve un premier lithog. avec le nom de l'auteur, son adresse et celle d'Engelmann.

Le Général d'ALVIMAR. Salon de 1834 ; analyse de ses productions les plus remarquables. in 8. Dentu 1834. 44 p. et 2 livraisons.

A. D. VERGNAUD. Examen du salon de 1834. Paris, chez Delaunay, 1834, 8° de 62 p. Impr. de Fain.

Revue historique du salon de 1834, contenant des détails d'histoire naturelle sur les peintures, sculptures et gravures historiques. Paris, 1834. in 8° de 16 pages. Imp. de Mme Delacombe.

Annoncé comme devant former 1 vol. de 20 feuilles, au prix de 5 francs.

1835.

Explication des ouvrages, etc. exposés au Musée Royal le 1er Mars 1836. Paris, Vinchon, in 12 de 2336 numéros et 250 pages.

L'observateur aux salons de 1835 in 12 d'une demi-feuille. Imp. de Le Normant.

Critique du salon de 1835, par une société d'artistes et d'hommes de lettres. 2e édition. in 12 de 36 p. A Paris chez Levy.

La première édition est inconnue à M. Beuchot. C'est un livret incomplet et annoté.

Ch. Le Normant. De l'Ecole française en 1835. Salon annuel. *Revue des Deux Mondes*, 1er Avril.

Victor Schoelcher. *Revue de Paris*. T. XVI.

Alexandre Decamps. Dans la *Revue républicaine*. N° du 10 mars ; 10 avril, p. 66-86 ; et du 10 mai, p. 164-182.

L. V. (Louis Viardot). *Le National* 3, 5, 8, 14, 21, 27 Mars ; 5, 13, 22 Avril.

H. L. Sazerac. Lettres sur le salon de 1835, par H. L. Sazerac. Paris, chez l'éditeur, rue de La Rochefoucaud, et place de la Bourse, 5, in 8°. Impr. de Grégoire.

1re pages 1-16, 2e p. 17-32, 3e p. 33-48, 4e p. 49-79, 5e p. 80-96, 6e p. 97-112.

M. F. Chatelain. In 8 de 2 f. 1/2. Extrait de la *Revue des théâtres*. Imp. de Mme Porthmann.

A. Karr. Trois ou quatre colonnes dans le *Mercure de France*, complément du *Musée des familles*.

Fernand Boissard. *Journal de l'Institut historique*. T. II, p. 147-151.

A. D. Vergnaud. Petit pamphlet sur quelques tableaux du salon de 1835 et sur beaucoup de journalistes qui en ont rendu compte. In 8 d'une 1/2 f. Roret et Delaunay. Prix d'un omnibus, 30 c.

Robert Macaire et son ami Bertrand à l'exposition des tableaux du Musée. Pot pourri pittoresque mêlé de prose philosophique. In 8 de 2 f. Imp. de Pihan Delaforest. A Paris chez l'éd., rue Grange-Batelière, 22, et rue des Filles-Saint-Thomas. N° 5.

1836.

Explication des ouvrages, etc. exposés au Musée Royal le 1er Mars 1836. Paris, Vinchon, in 12 de 2122 numéros et 228 p.

Description des tableaux, dessins et sculptures de l'exposition de 1836. In 12 d'une 1/2 f. Imp. de Stahl.

L'observateur aux salons de 1836. In 12 d'une 1/2 feuille. — 2e édition 5/6 de f. Imp. de Le Normant.

Alfred de Musset. *Revue des Deux Mondes.* 15 Avril.

Th. Thoré. *Revue de Paris.*

Alex. Decamps. Le *National*, 16 Janvier; 4, 13, 19 Mars; 4, 19 Avril; 1, 13, 19 Mai.

Le Comte Raczynski. Dans l'excursion à Paris, p. 285-304, qui termine le 1er volume de son grand ouvrage : *Histoire de l'art Moderne en Allemagne.* 3 vol. in 4.

Alexandre Barbier. Brochure in 8 de 128 pages. Chez Joubert. Impr. chez Paul Renouard. (Articles extraits du *Journal de Paris.*)

Al. Tardieu. La *Nouvelle Minerve.* T. IV, p. 314, 354, 392, 442; t. V, p. 26 et III.

Le salon de 1836, par M. Boucharlat. Extrait des *Mémoires de l'Athénée des arts.* Séance du 26 mai 1836. In 8° de 7 p. Imp. de F. Malteste et Cie. (En vers.)

1837.

Explication des ouvrages, etc., exposés au Musée Royal le 1er Mars 1837. Paris, Vinchon, in 12 de 2130 numéros et de 226 pages.

Description des tableaux exposés au Musée en mars 1837. In 12 d'une 1/2 f. Imp. de Beaulé.

L'observateur aux salons (*sic*) de 1837. 12 pages in 12. Imprimerie de Le Normant (abrégé du livret), deux éditions.

J. M. Foisy et C. Barbier de la Bibliothèque Royale. Exposition de tableaux au Musée Royal du Louvre. Mode d'indication du placement des ouvrages de peinture, sculpture, etc., suivi d'un spécimen de classification méthodique des mêmes ouvrages, suivant les sujets qu'ils représentent d'après l'énoncé du livret. In 8 de 2 f. Imp. de Duverger.

Auguste Barbier. *Revue des Deux Mondes.* 15 Avril.

T. Gautier. Dans la *Presse* 8-11, 13-5, 17-8, 20, 25 Mars, 8 Avril.

Alex. Decamps. Le *National* 5, 14, 25, 26 Mars; 7, 27, 30 Avril; 3 Mai.

L.-A. Piel. Salon de 1837, dans *Reliquiæ*. Un vol. in 8, chez Debécourt. Imprimerie de Bailly.

Revue du Nord, numéro d'Avril.

Alexandre Lenoir. Dans le *Journal de l'Institut historique*, N° d'Avril, p. 97-117. Cet article est suivi d'un autre de M. Albert Lenoir, p. 117-121, sur la partie de l'architecture.

A. M. — *Nouvelle Minerve.* T. VIII, p. 534-40, 619-25 et.....

1838.

Explication des ouvrages, etc., exposés au Musée Royal le 1er Mars 1838. Paris, Vinchon, in 12 de 2031 numéros et 228 pages.

Description des tableaux exposés au Musée. In 12. 1/2 f. Imp. de Chassaignon. (2e édition.)

Description des tableaux exposés au Musée Royal le 1er Mars 1338 (*sic*), 12 pages in 12. Imprimerie de P. Baudouin.

G. Planche. Articles dans la *Revue du XIXe siècle*, numéros des 1er, 7, 15 Avril.

T. GAUTIER. Dans la *Presse*, 16, 22, 23, 26, 31 mars; 13 avril; 1er mai.

Frédéric de MERCEY. *Revue des Deux Mondes*, 1er mai.

Alex. DECAMPS. Le *National*, 5, 18 mars ; 7 avril ; 1er mai.

Paul MERRUAU. Dans la *Revue universelle*. In 8. Plusieurs articles.

JN. De l'exposition de 1838 et du résultat des expositions. *Revue du Nord*, in 8. Mars, p. 28-57.

Alexandre LENOIR. *Journal de l'Institut historique*. T. VIII.

1839.

Explication des ouvrages, etc. exposés au Musée Royal le 1er mars 1839. Paris, Vinchon, in 12 de 2404 numéros et 261 pages.

L'observateur au Musée. Exposition de 1839. Peinture, sculpture et gravure. S. titre. in 12 de 24 p. impr. de Chassaignon.

PROSPER MÉRIMÉE (sous le pseudonyme d'un Anglais). *Revue des Deux Mondes*, 1er et 15 avril.

T. GAUTIER, Dans la *Presse*, 21-31 mars; 4, 13, 27 avril.

LAURENT JAN. In 4 avec des planches. (Beuchot n'indique que la 1re livraison.)

CHARLES BLANC. *Revue du Progrès*. Nos du 1er mars (268-73), du 1er avril (341-9), du 1er mai (469-78).

ALEX. DECAMPS. Le *National*, 7, 16, 22, 29 mars; 9, 25 avril; 13 mai.

ALEXANDRE BARBIER. Salon de 1839 par Al. Barbier, auteur d'un compte rendu du salon de 1836. Paris, Joubert. 1839. in 18 de 163 p. impr. de Fain et Thunot.

ROSEMOND DE BEAUVALLON, Coup d'œil général sur le salon de 1839. 1re et 2e parties. in 8. d'une f. et 1/2.

imp. de Crapelet. (Extrait de la *Gazette de France.*) Beuchot n'indique pas de suite.

Revue de tableaux religieux du salon de 1839. *Annales de philosophie chrétienne.* in 8. XVIII. 392 — 8. (Le même anonyme y dit avoir fait celui de 1836.)

DESAINS. Un dernier mot sur le salon. morceau lu à la séance publique de la Société philotechnique. le 15 octobre 1839. in 16. 8 p. chez Challamel.

AMANS DE CH..... et A.... Examen du salon de 1839, de l'état actuel de l'art en France, et des moyens d'améliorer le sort des artistes. Paris, au bureau intermédiaire des journaux, rue Montmartre 48; in 12 de 48 p.

1840.

Explication des ouvrages, etc. exposés au Musée Royal le 15 mars 1840. Paris, Vinchon, in 12 de 1847 numéros et 213 pages.

L'observateur au Musée, in 12 d'une 1/2 f. Imp. de Chassaignon.

Note publiée par l'Assemblée des Artistes dont les ouvrages n'ont pas été admis à l'exp. de 1840. Pétition admise aux chambres, in 8 d'une 1/2 f. Imp. de Bourgogne.

G. PLANCHE. *Revue des Deux Mondes.* 1er avril.

T. GAUTIER. Dans la *Presse*, 11, 13, 20, 22, 24-5, 27 mars; 3 avril.

D. (DÉLÉCLUZE). *J. des Débats*, 5, 7, 12, 19 mars; 10, 30 avril.

CHARLES BLANC. *Revue du Progrès.* Nos du 15 mars (216-25), du 1er avril (268-77), du 1er mai (356-66).

JULES ROBERT avec une préface de M. TAYLOR. Album de l'exposition de 1840. in 4 chez Challamel.

A. KARR. Guêpes d'Avril, p. 58-68.
ST....L. Le *National*, 19 mars, 4 avril.

Opinion exprimée au nom de la société libre des beaux-arts, sur le salon de 1840, par une commission spéciale, et rédigée par M. Duvautenet, rapporteur de cette commission. in 8° de 18 p. impr. de Ducessois. Extrait des *Annales de la Société libre des beaux-arts* pour l'année 1839-1840.

1841.

Explication des ouvrages, etc. exposés au Musée Royal, le 15 mars 1841. Paris, Vinchon, in 12 de 2280 numéros et 264 pages.

L'observateur au Musée Royal. in 12 de 12 pages. Imp. de Chassaignon.

Pétition des artistes contre les abus du jury. in 8 de 1/4 de f. Imp. de Ducessois.

THÉOPHILE GAUTIER. *Revue de Paris*, 18 et 25 avril.

LOUIS PEISSE. *Revue des Deux Mondes*, 1er avril.

J. E. DÉLÉCLUZE. *Journal des Débats*, 15, 21 mars; 4, 24 avril; 18, 29 mai.

WILHEM TÉNINT. Album de l'exposition de 1841. in 4. chez Challamel. 16 livraisons.

GABRIEL LAVIRON. in 8. chez Levavasseur (24 livraisons).

EMILE DE JAINVILLE. Souvenirs de la dernière exposition. dans le *Nouveau Correspondant*. T. IV. (1841, in 12) pages 307-363.

EUGÈNE PELLETAN. Dans la *Presse*, 15 mars; 4, 14 avril; 5, 27 mai.

A. KARR. *Guêpes d'Avril*. p. 79-96.

H. ROBERT. Le *National*, 16, 23, 30 mars; 6, 15, 20, 30 avril.

EUGÈNE DE MONTLAUR. *Revue du Progrès*. N° du 1er mai (p. 260-84).

J. LE NORMAND. Salon de 1841 dans *la Province et Pays*, Revue. N° du 15 mai.

CHARLES WOINEZ. Promenade au Musée. Revue critique du salon de 1841. Paris. France Thibaut, in 18 de 99 p.

Louis Berger. Dans *la Sylphide*. 2e série. T. III, p. 194, 205, 218, 242.

1842.

Explication des ouvrages, etc. exposés au Musée Royal, le 15 mars 1842. Paris. Vinchon, in 12 de 2121 numéros et 251 pages.

L'observateur au Musée Royal, in 12. 1/2 8. imp. de Chassaignon.

Exposition du tableau de la Sulamite refusé par le jury de peinture 1842. in 8 1/4 8. imp. de Cosson. signé Sébastien Rhéal. tous les jours. Quai Malaquais. 7.

Wilhem Ténint. Album de l'exposition de 1842. Challamel 86 liv. in 4.

Louis Peisse. *Revue des Deux Mondes*, 1er et 15 avril.

Daniel Stern (Mme la comtesse d'Agoult). Dans la *Presse*, 8, 20, 27 mars; 6, 22 avril.

H. Robert. Le *National*, 17, 29 mars; 8, 15, 24 avril; 8, 17 mai.

G. Guénot Lecointe. Dans *la Sylphide*. 2e série. T. V. p. 202-5, 249-52, 266-70, 282-5, 300,3.

A. Karr. Dans les *Guêpes* d'Avril. 17-55.

1843.

Explication des ouvrages, etc., exposés au Musée Royal le 15 mars 1843. Paris, Vinchon, in-12 de 1597 numéros et 227 pages.

Au livret de cette année on joignit, pour la première fois, une table alphabétique des artistes, qui se trouve dans tous les livrets jusqu'à la fin du règne de Louis-Philippe.

L'Observateur au Musée Royal. Exposition du 5 mars 1843; in-12, demi-feuille. Chassaignon.

Appel au public sur un déni de justice du jury de peinture, in-4o, un quart de feuille, imp. de Dupont. Signé : Despréaux, vérificateur de l'enregistrement en retraite.

ARSÈNE HOUSSAYE. *Revue de Paris*, 26 mars, 2 avril.

LOUIS PEISSE. *Revue des Deux-Mondes*, 1er et 15 avril.

WILHEM TÉNINT. Salon de 1843. Collection des principaux ouvrages exposés au Louvre et reproduits par les premiers artistes français, Paris, Challamel. 16 livraisons in-4°.

PR. H. (PROSPER HAUSSARD). *Le National*, 15, 24, 29 mars ; 6, 21, 29 avril ; 14, 21 mai.

M. Haussard avait écrit antérieurement, dans le journal *le Temps*, d'autres salons qui, comme les salons du *National*, se distinguent par un jugement en général très-ferme et très-juste.

DANIEL STERN (Mme la comtesse D'AGOULT.) Dans *la Presse*, 15, 20, 25 mars ; 3, 12 avril.

EUGÈNE PELLETAN. Dans *la Sylphide*, t. VII, Revue préliminaire, p. 220-7. Préf., p. 252-4. Salon, 269-71, 291-2, 300-2, 364-6.

Le salon de 1843 dans le tome 1er de : *Les Beaux-Arts*, publiés par L. Curmer.

Quatre articles dans le *Bulletin de l'Alliance des Arts*, t. 1, p. 289-91, 305-8, 321-3, 337-8.

CHARLES CALEMARD DE LA FAYETTE. *Examen critique du salon de* 1843. Rapport rédigé au nom de la Société libre des Beaux-Arts, et lu à la séance publique du 14 mai. Paris, Bourgogne, in-8° d'une feuille.

A. KARR. Dans *les Guêpes* d'avril, 19-30.

HERMANN. *Journal des enfants*. 11e année. Page 311.

Salon de 1843. *L'Antidote*, ou Revue critique de la critique, n° 1. Imprimerie de Duverger. Paris, quai Malaquais, n° 15, in-32 d'une demi-feuille, 50 c.

BATHILD BOUNIOL. Gringalet au salon, espèce de critique (en prose). Paris, Guilbert, in-8° de 2 feuilles, 75 c.

Le salon de 1843. (Ne pas confondre avec celui de l'artiste-éditeur Challamel, éditeur-artiste), appendice au livret, représenté par 37 copies de Bertall. Paris, 30 c. Paris, Ildefonse Rousset, éditeur, rue Richelieu, 76. (7e livraison des *Omnibus*. In-8°, p. 89 à 104.)

1844.

Explication des ouvrages..... exposés au Musée royal le 15 mars 1844. Paris, Vinchon. In-12 de 2423 numéros et 345 pages, avec la table des artistes.

L'Observateur au Musée Royal. In-12 de 12 p. Chassaignon.

ARSÈNE HOUSSAYE. Revue du salon, avec planches. 30 livraisons in-4°.

Album du salon de 1844. 16 livraisons in-4°. Challamel.

THÉOPHILE THORÉ. Le salon de 1844, précédé d'une lettre à Théodore Rousseau, publiée dans *l'Artiste*, avec une eau-forte de M. Jeanron, d'après un paysage de M. Rousseau. Paris, 1844, in-12, de 144 p. Chez Masgana (publié dans *le Constitutionnel*).

Le *Bulletin de l'Alliance des arts* le promit d'abord in-8°, pour être relié avec lui; mais on a donné ce petit volume, qu'on annonçait comme devant avoir des eaux-fortes et des lithographies.

LOUIS PEISSE. *Revue des Deux-Mondes*, 15 avril.

T. GAUTIER. Dans *la Presse*, 26-30 mars, 2-3 avril.

Le salon de 1844, dans les tomes 2 et 3 des *Beaux-Arts*, publiés par Curmer.

PR. H. (PROSPER HAUSSARD). *Le National*, 15, 23, 30 mars; 12, 23 avril; 4 mai, 12, 24.

DESIRÉ LAVERDANT. *La Démocratie pacifique*, 30 mars; 25, 29 avril; 2, 6, 7, 11, 13, 16, 17 mai.

AL. DE LA FIZELIÈRE. Six articles dans le tome II de *l'Ami des Arts*.

AD. DESBAROLLES. Lettre sur le salon de 1844; quelques mots sur le salon de 1844, dans le tome II de *l'Ami des Arts*.

Promenades au salon de 1844, et aux galeries des Beaux-Arts, in-18 d'une feuille 1|9, chez Desloges.

X....... L'ombre de Diderot au salon de 1844. Dans *la Chronique*, revue universelle in-8° (4 articles).

A. KARR. Dans *les Guêpes* d'avril, p. 33-62.

1845.

Explication des ouvrages, etc., exposés au Musée Royal, le 15 mars 1845, Paris, Vinchon, in-12, 2332 numéros et 331 pages avec la table des noms d'artistes.

T. THORÉ. Le salon de 1845; précédé d'une lettre à Béranger. Paris, 1845, in-12, 167 pages (publié dans *le Constitutionnel*; des changements).

T. GAUTIER. Neuf articles dans *la Presse*, 11, 18, 19, 20 mars; 15, 16, 17, 18, 19 avril.

PR. H. (PROSPER HAUSSARD). *Le National*, 23, 30 mars; 6, 13, 24 avril; 4, 11 mai.

Jules JANIN. *Journal des enfants;* 13e année, p. 275.

BAUDELAIRE DUFAYS, Jules Labitte, 1845, in-12 de 72 pages.

CHARLES BLANC. Dans *la Réforme.*

LAVERDANT. De la mission de l'art et du rôle des artistes. Salon de 1845, tiré à part, grand in-8°.

Avait paru dans *la Phalange.*

LE BARON DE GUILHERMY. Salon de 1845. Examen archéologique. Article des *Annales archéologiques*, II. 350-62.

P. L. (PAUL LACROIX). De la valeur vénale des ouvrages d'art exposés au Louvre. (*Bulletin de l'alliance des arts*, II. Nos des 10, 25 mai et ..... 1845.)

Statistique d'un genre particulier, curieuse et généralement assez vraie.

A. L. (A. LELEUX). Dans la *Revue archéologique*, II, p. 56-64.

Spirituelle revue faite au point de vue archéologique, et s'inquiétant des anachronismes.

LOUIS STÉPHANE LECLERC. Examen critique de l'exposition des beaux arts en 1845, par L. S. L. — Opuscule extrait du *Moniteur industriel*, et offert à la colonie de Mettray. Brochure in-8° de 44 p. et 4 planches. Avril et mai 1845.

JACQUEMART. Opinion exprimée au nom de la société

libre des beaux-arts sur le salon de 1845. In-8° de 20 p. Supplément au 1er cahier des *Annales de la société libre des beaux-arts*. Tome XIV. Année 1844. Paris, avril 1845.

1846.

Explications des ouvrages de peinture, etc., exposés au Musée Royal, le 16 mars 1846 (jusqu'au 20 mai). Vinchon, in-12 de 355 pages et 2412 numéros.

A ce livret, la table alphabétique était pour la première fois suivie de l'*Indicateur par ordre de salle des numéros des ouvrages faisant partie de l'exposition*. Cet excellent appendice se trouve dans le livret de 1847 et a disparu à partir de celui de 1848.

A. H. Delaunay. Catalogue complet du salon de 1846, annoté par A. H. Delaunay, rédacteur en chef du *Journal des artistes*. Paris, 1846, in-12 de 180 p. Imp. de H. Fournier.

G. Planche. *Revue des Deux-Mondes*, 15 avril et 15 mai.

T. Thoré. Le salon de 1846 précédé d'une lettre à George Sand (et d'une appréciation de l'exposition Bonne-Nouvelle). In-12 de 218 pages; publié dans le *Constitutionnel*.

T. Gautier. Dans *la Presse*, sept articles, du 31 mars; 1, 2, 3, 4, 7, 8 avril.

Pr. H. (Prosper Haussard). *Le National*, 27 mars; 10, 28 avril; 12, 19 mai.

Baudelaire Dufays. Paris. Michel Lévy, 1846. In-12 de xii et 132 pages.

Maurice de Vaines. Deux articles dans la *Revue Nouvelle* des 15 avril et 1er mai, pages 228-48 et 480-509.

Beaulieu, de la Société des antiquaires. Lettre à M. B... sur l'exposition de 1846. In-8° d'une demi-feuille. Imprimerie de Duverger.

Fournier. Opinion imprimée au nom de la société des Beaux-Arts sur le salon de 1846, par M. Fournier, rapporteur de la commission du salon. In-8° d'une feuille, imp. de Ducessois.

Diogène au salon. 1re année 1846. Paris, Gust. Sandré, in-12 de 119 pages. Prix 1 fr.

Le *Salon caricatural*, critique en vers et contre tous, avec 60 gravures sur bois. 1re année. Paris, Charpentier. In-8° de 2 feuilles.

1847.

Explication des ouvrages de peinture etc., exposés au Musée Royal, le 16 mars 1847. Vinchon. In-12 de 338 p. et 2321 numéros.

A. H. Delaunay. Catalogue complet du salon de 1847, annoté par A. H. Delaunay, rédacteur en chef du *Journal des Artistes*. In-12 de 216 pages.

Gustave Planche. *Revue des Deux-Mondes*, 15 avril et 1er mai.

T. Thoré. Le salon de 1847, précédé d'une lettre à Firmin Barrion, Paris, alliance des arts, in-12 de XXX et 204 pages, impr. de Hennuyer. (Publié dans le *Constitutionnel.*)

Théop. Gautier. Un vol. in-18 de 223 p. Hetzel et Warnod. Imp. de Lacrampe fils et Cie.

Réimpression des feuilletons de *la Presse* des 30, 31 mars, 1, 2, 3, 6, 7, 8, 9, 10 avril. C'est le seul qui ait été mis en volume. Il serait vivement à désirer que les salons de M. Gautier fussent réunis, comme aussi ceux de M. Planche et peut-être encore de deux ou trois autres. Dans ce temps, où tant de gens qui n'ont jamais fait d'œuvres trouvent le moyen d'avoir des *Œuvres complètes*, il faudrait au moins, comme compensation, que les bonnes choses des hommes de mérite soient aussi réunies et ne continuent pas à être perdues dans des journaux où l'on ne va pas les rechercher.

Paul Mantz. 1 vol. in-18 de 142 p. F. Sartorius, 1847. Impr. de Gerdès.

Pr. H. (Prosper Haussard). *Le National*, 16, 28 mars; 8, 18, 25 avril ; 9, 13, 23 mai.

Henry Trianon. Dans *le Correspondant*, p. 215-234.

Maurice de Vaines. Dans la *Revue nouvelle* des 1er et 15 avril, p. 15-36 et 235-76.

Petit du Julleville. Dans les *Annales archéologiques.* In-4°. T. VI, p. 282-93.

L. Chefdeville. De l'art religieux au salon de 1847. Dans la *Revue anthropologique*, in-8°, n° du 15 avril, p. 298-306.

J. J. Arnoux. Neuf grands articles dans *l'Époque* et n'avait pas encore fini.

La République.

TROIS EXPOSITIONS.

1848 — 1851.

1848.

Explication des ouvrages de peinture, sculpture, architecture, gravure et lithographie des artistes vivants exposés au Musée National du Louvre, le 15 mai 1848. Vinchon. In-12. 12 et 395 pages.

Après avoir été fermé pendant les élections de la garde nationale, et de nouveau pour le remaniement qui a coïncidé avec les élections de l'Assemblée, le salon a été rouvert du 26 avril au 31 mai.

Il n'avait pas eu de jury, et comprenait 5,180 numéros; les tableaux, dessins, miniatures, etc., en comprenaient 4,598, la sculpture 336, l'architecture 39, la gravure 144, et la lithographie 64.

Les tableaux étaient disposés dans le premier salon, le grand salon carré, toute la grande galerie et le Musée Dauphin à l'exception de la dernière salle. Les miniatures dans les embrasures des fenêtres de la grande galerie. Les dessins, pastels, aquarelles, etc., dans la galerie d'Apollon, la salle des Sept cheminées, de Henri II, et le palier des escaliers du pavillon de l'Horloge. Les porcelaines dans la salle des vases en matières dures. La sculpture dans le Musée Charles V. Les médailles, médaillons et bas-reliefs, dans les embrasures des premières fenêtres de la grande galerie du côté du quai, et seulement sur le mur qui fait face au couchant. L'architecture dans la dernière salle du Musée Dauphin. La gravure et la lithographie dans la salle des séances.

Musée National du Louvre. Explication des ouvrages de peinture, sculpture, architecture, gravure et lithographie, année 1848, 12 pages in-12. Vente, éditeur, place Maubert, 10. Imprimerie de Edouard Bautruche, rue de la Harpe, 90.

Ce petit abrégé qu'on vendait au dehors, a un autre caractère que ses aînés; la plupart des numéros y sont suivis d'éloges qui ne peuvent être que des réclames, et je m'étonnerais peu que quelques mauvais peintres ne se soient mis en compagnie du nombre nécessaire pour faire une feuille, à peu près comme dans les élections d'alors on prenait une liste dans laquelle on remplaçait un ou deux noms.

Th. Gautier. *La Presse*, 22, 23, 25, 26, 27, 28, 29 avril; 2, 3, 5, 6, 7, 9, 10 mai.

F. de Lagenevais. *Revue des Deux-Mondes*, 15 avril et 15 mai.

On sait que ce nom est un pseudonyme dont se sont servis plusieurs personnes, parmi lesquelles M. Sainte-Beuve; il n'est pas besoin de dire que cet article ne doit pas être de lui. La notice sur M. Ingres a été signée du même nom.

Pr. H. (Prosper Haussard). *Le National*, 23 mars; 2, 14 avril; 20 mai; 15 juin.

Félix Lebon de Chevrollet. Sans titre; brochure in-8° de 55 pages. Extrait de la *Revue des auteurs unis*.

Francis Wey. Dans le *Courrier Français*.

1849.

Explication des ouvrages de peinture, etc., exposés au palais des Tuileries, le 15 juin 1849. Prix : 50 centimes. Paris, Vinchon. 1849. In-12 de 234 p. et 2586 numéros.

Il faut joindre au livret l'opuscule suivant :

Notice historique sur le palais des Tuileries, et description des plafonds, voussures, lambris, etc., qui décorent les salles occupées par l'exposition. Prix : 20 c. Paris, Vinchon, 1849, in-12 de 24 pages.

Il y en avait eu une première édition moins complète, reconnaissable à ce qu'elle a 21 pages et n'est marquée que 15 centimes.

Th. Gautier. *La Presse*, 26, 27, 28, 31 juillet; 1, 3, 4, 7, 8, 9, 10, 11 août.

L. Geofroy. — *Revue des Deux-Mondes*, 15 août.

X. (Paul Meurice). L'*Événement*, 2 septembre.

Auguste Galimard. Examen du salon de 1849. Prix 2 fr. Paris, Gide et Baudry, 1850. In-12 de XII, 188 p. et une table. Impr. de Claye.

Publié en feuilletons dans *la Patrie* sous le pseudonyme de *Judex*.

1850-1851.

Explication des ouvrages de peinture, etc., exposés au Palais-National le 30 décembre 1850. Paris, Vinchon; prix : 1 franc. In-12 de 332 p. et 3923 numéros.

A ce livret est annexé un plan du rez-de-chaussée et du premier étage. Il y faut joindre une notice d'une feuille in-12, sur le Palais-Royal, également imprimée chez Vinchon.

ARNOUX (J. J.), dans la *Patrie*, numéros du 24, 28 décembre 1850; 15, 22, 30 janvier 1851; 16, 22 février; 2, 19 mars; 1, 5, 6, 8, 9, 15, 18 avril.

Les indications étant pour cette année très-nombreuses, nous avons adopté l'ordre alphabétique.

BANVILLE (Théodore de), dans le *Pouvoir* du 9 janvier.

Article d'introduction qui précéda de peu de jours la mort du journal.

BAZIN (Charles), dans la *Revue des beaux-arts*.

DE BELLEMARE, sous le pseudonyme de GABRIEL DE FERRY, dans l'*Ordre*, numéros des 1, 9, 10, 11, 17, 22 janvier; 6, 12, 20 mars; 23, 24, 25, 26 avril.

CALONNE (Alphonse de), dans l'*Opinion publique*, 7, 14, 21 janvier; 4, 11, 21, 23 février; 18, 19, 21, 26 mars; 10 avril.

Rien sur la sculpture.

CHAM (M. de Noë). Les spirituelles charges faites pour le *Charivari* ont été réunies en un petit album intitulé *le Salon de* 1851. Le même auteur en avait fait paraître d'autres dans l'*Illustration*.

CHAMPFLEURY, dans le *Messager de l'Assemblée*, 25, 26 avril.

Articles spéciaux à Courbet.

CHENNEVIÈRES (Philippe de). *Lettres sur l'art français en* 1850. Argentan, imprimerie de Barbier, place Henri IV, n° 14. In-12 de 80 pages.

C'est un tirage à part à 100 exemplaires qui n'ont point été vendus, de huit lettres écrites à un ami de province et publiées dans le *Journal d'Argentan*.

CLÉMENT DE RIS (L.), dans l'*Artiste*.

Mme CONSTANT, sous le pseudonyme de Claude VIGNON, dans le *Moniteur du soir*, 22 décembre, 31; 5, 12, 19, 26 janvier; 2, 9, 16, 23 février; 2, 9, 16, 23, 29, 38 mars.

Tiré à part en une brochure petit in-8°, sous ce titre : Salon de 1850-51, par Claude Vignon. Paris, chez Garnier frères, 1851. Imprimerie de N. Chaix et Cie.

COURTOIS, dans le *Corsaire*, 2 et 3, 7, 14, 18, 21 janvier; 5, 15, 28 février; 8, 17, 22 mars; 2, 11, 28 avril.

DAUGER (Alfred), dans le *Pays*, 19, 26 janvier; 9, 14, 23 février; 7, 13, 23 mars.

Inachevé par suite du changement survenu dans la rédaction du journal.

DELÉCLUZE (Etienne-Jean), dans le *Journal des Débats*, 30 décembre 1850; 7, 21, 29 janvier 1851 (ces deux marqués deuxième article); 4, 14, 25 février; 21 mars; 11, 19 avril.

Publié en un vol. in-8°, chez Amyot.

DELORT (Taxile), dans *le Charivari*.

DESBAROLLES, dans le *Courrier français*.

DESNOYERS (Louis), dans le *Siècle*, 9 février; 13 mars.

(Articles d'introduction.) Voyez les noms de La Fizelière, Adolphe Lance et Claude Tillot.

DESPLACES (Auguste), dans l'*Union*, 7 décembre; 3, 8, 15, 20, 25, 29 janvier; 4, 12, 21, 27 février; 15 mars.

DUPAYS, dans l'*Illustration*.

ENAULT (Louis). Revue du salon de 1851, publiée dans le journal *l'Ordre et la Liberté* de Caen, et tirée à part, sans titre, mais avec une couverture imprimée. In-8° de 36 p. Caen, imp. de Duclos.

FABIEN PILLET, dans le *Moniteur*.

FIZELIÈRE (Albert de la), dans le *Journal des Faits*, 9, 17, 23, 30 janvier; 6, 13, 20, 28 février; 7, 13, 20 mars.

Réunis en brochure avec ce titre :

Exposition nationale, salon de 1850-1851. Paris,

Passard, 1851, in-8° de VIII et 98 p. Imp. de Simon Dautreville et Cie.

M. de la Fizelière a aussi récrit la peinture dans le *Siècle*, numéros des 5 10, 12, 15, 19, 22 avril.

GALIMARD, dans le *Daguerréotype théâtral.*

GARENNE (Paul de la), dans l'*Estafette*, 8, 22 janvier; 5 février (4e et dernier).

GAUTIER (Théophile), dans la *Presse*, 5, 6, 14, 15, 21 février; 1, 8, 15, 22, 28 mars; 5, 8, 9, 10, 11, 19, 23, 24, 25 avril; 1, 2, 6, 7 mai.

GEOFROY (Louis de), dans la *Revue des Deux Mondes*, 1er mars.

HAUSSARD (Prosper), dans le *National*, 7 et 22 janvier; 7, 20 février; 19 mars; 1, 11, 22 avril.

Il paraît que M. Haussard va réunir ses salons en un volume. Ce serait à la fois une chose heureuse et un bon exemple.

HENRIET (Frédéric), dans le *Théâtre*, nos des 25 décembre 1850; 4, 11, 18, 25 janvier; 15 février; 1er, 15, 22, 29 mars; 5, 12 avril.

Le salon de ce journal fut écrit par deux personnes, M. Henriet et M. de Montaiglon.

HOURMON (A.), dans le *Journal des villes et campagnes.*

LANCE (Adolphe), dans le *Siècle*, 15 mars. — (Architecture.)

LECLERC (A.), dans la *République*, 20 décembre 1850; 28 janvier; 17 février; 28 mars; 6 avril.

N. (JULES LECOMTE), dans l'*Indépendance belge*. Sept articles.

LÉON-NOEL (A.), dans la *Semaine.*

MANTZ (Paul), l'*Événement*, 31 décembre 1850; 30 janvier; 5, 12, 15, 20, 23 février; 5, 6, 13, 26 mars; 2, 3, 10, 12, 13 avril.

Il y faut joindre un article sur Louis Boulanger, que M. Charles Hugo s'était réservé de faire, et qui se trouve dans le numéro du 20 mars. — Ce salon de M. Mantz est certainement un des trois meilleurs de tous ceux écrits cette année.

Méry, dans la *Mode*.

Élisa de Mirbel, dans la *Révolution littéraire*, revue in-8°.

Montaiglon (Anatole de), dans le *Théâtre*, nos des 8, 15, 22, 29 janvier; 12, 26 février; 8, 26 mars ; 2, 9, 19 avril; 10, 17, 24, 28 mai; 4 juin.

Peisse (Louis), dans le *Constitutionnel*, 31 décembre 1850; 8, 15, 21, 29 janvier ; 5 février ; 2 mars; 1, 13, 20, 29 avril.

Petroz (P.), dans le *Vote universel*, 7, 14, 21, 28 janvier; 11, 18, 28 février.

Pommier (Amédée). Sonnets sur le salon. Extrait du journal *l'Artiste*, numéro du 1er mai 1851. iv et 16 p. in-8°.

Rochery (Paul), dans la *Politique nouvelle*, in-8°, 2 mars, p. 26-40; 16 mars, p. 158-60; 30 mars, p. 341-52; 6 avril, p. 393-400; 13 avril, p. 453-64.

Roux-Lavergne, dans l'*Univers*, 27, 31 janvier; le troisième article a paru en février.

Sabatier-Ungher, dans la *Démocratie pacifique*, in-4°. Tiré à part en un volume in-8°.

Thénot, dans la *Gazette de France*.

Thierry (Édouard), dans l'*Assemblée nationale*, 3 décembre 1850; 16, 31 janvier; 22 février; 7, 21, 31 mars.

Inachevé.

Tillot (Claude), dans le *Siècle*, 26 avril (sculpture et dessins); 10 mai (art. de conclusion).

Vinet (Ernest). Réflexions à l'occasion du salon de 1851. Extrait de la *Revue archéologique*, VIIIe année. Paris, A. Leleux. 1851, in-8° de 13 p.

www.ingramcontent.com/pod-product-compliance
Ingram Content Group UK Ltd.
Pitfield, Milton Keynes, MK11 3LW, UK
UKHW021110200726
13857UKWH00003B/1158

9 782012 894471